O PROJETO GENOMA HUMANO

FOLHA
EXPLICA

O PROJETO GENOMA HUMANO

MÔNICA TEIXEIRA

PUBLIFOLHA

Editor
Arthur Nestrovski

Assistência editorial
Paulo Nascimento Verano

Capa e projeto gráfico
Silvia Ribeiro

Coordenação de produção gráfica
Marcio Soares

Revisão
Mário Vilela

Ilustrações
Mário Kanno

Editoração eletrônica
Picture studio & fotolito

Dados internacionais de Catalogação na Publicação (CIP)
(Câmara Brasileira do Livro, SP, Brasil)

Teixeira, Mônica
O projeto genoma humano / Mônica Teixeira. – 2. ed. – São Paulo : Publifolha, 2001. – (Folha explica)

Bibliografia.
ISBN 85-7402-242-X

1. Genes humanos – Mapeamento 2. Genoma humano I. Título. II. Série.

00-4062 CDD-661.01816

Índices para catálogo sistemático:
1. Projeto genoma humano : Biologia celular 661.01816

PUBLIFOLHA
Divisão de Publicações do Grupo Folha

Av. Dr. Vieira de Carvalho, 40, 11° andar, CEP 01210-010, São Paulo, SP
Tel.: (11) 3351-6341/6342/6343/6344 – Site: www.publifolha.com.br

Os leitores interessados em fazer sugestões podem escrever para Publifolha no endereço acima, enviar um fax para (11) 3351-6330 ou um e-mail para publifolha@publifolha.com.br

SUMÁRIO

INTRODUÇÃO:

EM BUSCA DE DECIFRAR SONHOS HUMANOS

Faz pouco tempo que o nome "genoma humano" entrou no repertório dos termos que povoam a vida contemporânea. Investigadores sábios e imaginativos trabalharam durante todo o século 20 para formular o corpo de conhecimentos em que se sustenta a definição mais estrita de genoma: o conjunto de cromossomos que ascendentes transmitem a descendentes ao longo da história de uma espécie.

No caso da espécie humana, o genoma compõe-se de 23 pares de cromossomos, sendo cada cromossomo do par herdado de um de nossos pais. Sabe-se mais: no núcleo de cada um dos trilhões de células que formam o nosso corpo, encontra-se um desses conjuntos completos. Cromossomos contêm genes – estruturas que, uma vez ativadas quimicamente por compostos presentes na célula, têm papel preponderante na fabricação não só desses mesmos compostos que as ativam, mas também de todos os outros de que cada uma de nossas células precisa para executar suas funções no organismo e as funções do próprio organismo: viver, reproduzir-se e morrer.

Hoje, a expressão "genoma humano" cobre um território cheio de significados. Quem deu a ela tanta relevância foi um grupo de pesquisadores norte-americanos, muito bem situados no *establishment* científico, especializados principalmente em biologia molecular – um grupo de técnicas que foi incorporado às ciências da vida há cerca de 30 anos. No final dos anos 80, esses cientistas, empenhados em descobrir maneiras de manejar a hereditariedade, sonharam empreender a aventura de conhecer cada um dos genes humanos. Esses pioneiros organizaram-se para convencer o governo norte-americano, o Congresso e a comunidade acadêmica de que a aventura era factível; e de que a apropriação do conhecimento daí advindo traria a cura de doenças, o prolongamento da juventude, o adiamento da morte. Em 1990, instalou-se o Projeto Genoma Humano, uma iniciativa do National Institutes of Health (NIH) e do Department of Energy norte-americanos. Na direção, uma das maiores estrelas do mundo científico do século 20: James Watson, o biólogo que, muito jovem, assentara em 1953, ao lado do biofísico Francis Crick, a pedra fundamental da construção da genética contemporânea – a hélice dupla, um modelo que descreve a estrutura molecular do DNA, o polímero formador de nossos genes.

Este livro será dedicado a expor a enormidade dessa tarefa, as vicissitudes para cumpri-la e seu impacto mais extraordinário: a constituição desse novo território no espaço da cultura humana. Nele, coabitam com avanços que transformaram a posição e a maneira de ser da biologia no mundo do conhecimento os sonhos mais fundamentais da nossa espécie: desta vez (embalam-nos as palavras da mídia), podemos esperar nos ver livres da inquietação que causa, a cada um de nós, a inevitabilidade da morte, a imprevisibilidade do futuro, o inescapável da dor e do sofrimento.

A mescla de ingredientes ao mesmo tempo tão ancestrais e tão radicalmente novos torna esse território um cenário privilegiado onde se observa, enquanto acontece, o desenrolar maravilhoso da evolução da humanidade. Este livro conta parte da história das descobertas e desenvolvimentos que fizeram com que a biologia de hoje pudesse anunciar em triunfo já deter a seqüência do genoma humano. Muitos cientistas ao longo do século colaboraram para essa conquista. Nas páginas que se seguem, parte deles – os que deram as contribuições mais visíveis – terá seus nomes citados, e seus trabalhos descritos em suas linhas mais gerais. A maior parte deles foi distinguida com a máxima recompensa que um cientista pode esperar receber: o Prêmio Nobel. Como num grande enigma, pedaços de conhecimento foram se juntando, freqüentemente de maneira inesperada, para formar quadros que novas descobertas às vezes tingem de cores diversas, da mesma maneira que às vezes criam desvios no que parecia já definitivamente traçado.

Fazer ciência, dizem os que a fazem, é participar de uma aventura fascinante. Nos próximos capítulos, pode-se acompanhá-los na aventura da construção da genética contemporânea, desde Gregor Mendel e suas ervilhas até Craig Venter e seu impulso de ser o primeiro a chegar à seqüência completa do genoma humano. O impacto do Projeto Genoma Humano, ao fim desta incursão pelo território que criou, precisará ainda a ser avaliado. Nas palavras de um de seus pioneiros, o último ano do século 20 marca, apenas, o fim de um começo. O futuro é que saberá dizer se suas promessas poderão se cumprir.

1. A IMAGEM DO SÉCULO:

COMO UM FÍSICO E UM BIÓLOGO COLOCARAM DE PÉ A MOLÉCULA DE DNA

Não há estrela maior no universo de idéias que cercam a expressão "genoma humano" do que o DNA – dito assim, com a intimidade do artigo definido, três letras que viraram uma palavra e abreviam o complicado "ácido desoxirribonucleico". DNA, a palavra, ganhou vida autônoma, deixou para trás o mundo dos especialistas e consagrou-se na mídia. Seu par, a hélice dupla, figura entre as imagens mais fortes que o século 20 lega ao século 21. Os cientistas ensinaram-nos a associar a ela os segredos da hereditariedade; seguirá da revelação desses segredos, afirma a maioria deles, a explicação dos fatos biológicos que levam cada um de nós a ser aquilo que é. Nós, espécie humana; e também nós, todas as espécies que partilhamos a Terra.

A concepção desse DNA em hélice dupla comemorou 47 anos no ano 2000; a primazia da publicação da imagem coube à revista *Nature*. Na edição de 25 de abril de 1953, a hélice dupla ilustra o artigo principal entre os três com os quais a revista anunciava o que sabia ser um avanço no caminho do conhecimento: "Estrutura Molecular de Ácidos Nucleicos – uma Estrutura Para o Ácido Desoxirribonucleico". Assinavam o artigo James Watson – biólogo norte-americano, 25 anos, já doutor – e Francis Crick – físico inglês, 37 anos, que ainda não concluíra o doutorado porque um bombardeio sobre Londres, durante a Segunda Guerra Mundial, destruíra seus instrumentos de pesquisa e os resultados que obtivera. No canto inferior esquerdo da página 737 do volume 171 da coleção da *Nature*, está a hélice dupla, representada através de um desenho simples, em preto-e-branco. "Esta figura é puramente diagramática...", advertiam os autores; mas foi exatamente esse diagrama esquemático, as duas fitas enroladas uma na outra, ligadas entre si por barras horizontais, que se tornou sinônimo de DNA; sobre ele pronunciou-se tantas vezes a palavra "esperança" que se atribui aos autores não a descoberta central da estrutura da molécula presente no interior das células de cada ser vivo, mas a do próprio ácido desoxirribonucleico.

A idéia de Watson e Crick, no momento da publicação, era ainda uma hipótese. A leitura do artigo mostra, no entanto, quanta confiança ambos já depositavam nela. Eles sabiam a que tinham chegado: "A estrutura contém características inovadoras de considerável interesse biológico [...]. Essa estrutura tem duas cadeias helicoidais enroladas em torno do mesmo eixo [...] as bases estão na parte de dentro da hélice e os fosfatos, na parte de fora [...]. O detalhe inovador da estrutura é a maneira pela qual as duas cadeias são mantidas juntas [...]. Vê-se que somente pares específicos de bases podem se ligar. Esses pares são adenina com timina, e guanina com citosina [...]. Não nos escapou que o pareamento específico que postulamos sugere imediatamente um possível mecanismo de cópia para o material genético [...]".

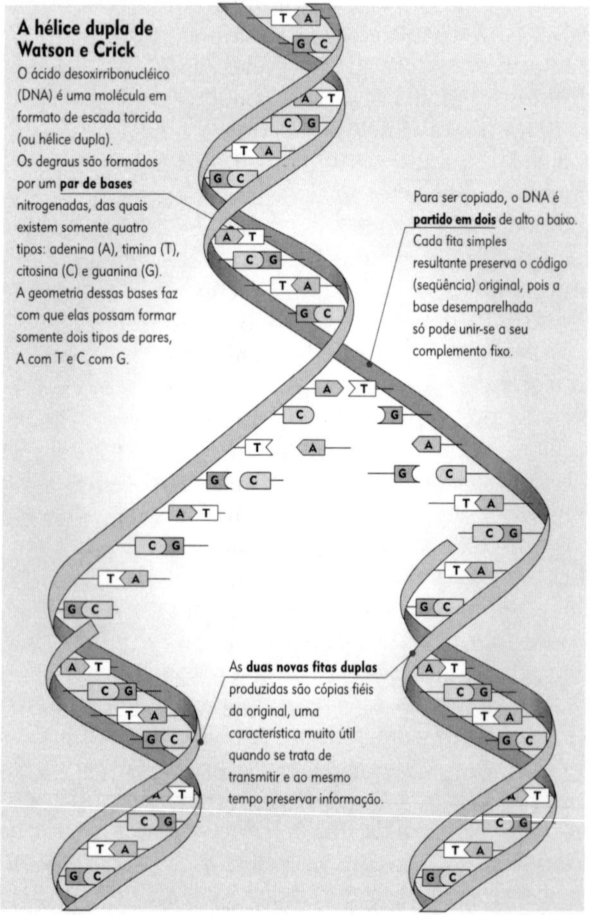

Claro que não escaparia: o "possível mecanismo de cópia para o material genético" era a pedra de que a genética precisava naquele momento para manter de pé e fazer subir a construção que cientistas vinham levantando desde o início do século. Era isso o que faltava. Pelo menos outros três pesquisadores notáveis lideravam grupos que buscavam a mesma resposta. Além de Watson e Crick, no Cavendish Laboratory, em Cambridge, havia Rosalind Franklin e Maurice Wilkins, no King's College, em Londres, e Linus Pauling, no Instituto de Tecnologia da Califórnia (Caltech), nos Estados Unidos. Todos na vizinhança da mesma idéia. Mas, antes de perscrutar os desígnios que podem ter levado a deusa das descobertas a escolher Cambridge para receber o troféu cobiçado por tantos renomados cientistas, é preciso aclarar o significado de alguns nomes típicos do jargão local.

Primeiro, "estrutura". Determinar a estrutura de um composto, definiu o químico sueco Wilhelm Blomstrand em 1869, é determinar como os átomos que a compõem se distribuem no espaço.[1] Fácil de dizer, difícil de fazer – tanto mais no mundo dos compostos presentes nos organismos, que reúnem milhares, milhões, bilhões de átomos. Tão difícil que, em 1954, valeu um Nobel de Química para Pauling, o homem que "devotou a maior parte de sua energia ao estudo da natureza da ligação química e da determinação da estrutura de moléculas e cristais", segundo o texto de apresentação com que o comitê do prêmio justificou a escolha de seu nome. O cientista norte-americano foi quem, pela primeira vez, imaginou uma hélice para explicar como as importan-

---

[1] Citado na apresentação do Prêmio Nobel de Química de 1962.

tíssimas proteínas organizam seus milhares de componentes no espaço. Até Pauling, moléculas e cristais eram pensados como estruturas lineares, bidimensionais. Apoiado nas novas concepções criadas pela física na primeira metade do século e no uso de raios X para deduzir como os átomos podiam estar uns em relação aos outros no espaço, Pauling contribuiu decisivamente para elucidar como eles se ligam para formar compostos; pode-se dizer que pôs de pé as moléculas orgânicas. Podemos vê-lo nas fotografias: um professor de rosto risonho, ao lado de modelos em que os átomos são bolas presas umas nas outras, estruturadas em torno de eixos verticais. Ficou consideravelmente mais simples levantar a hélice dupla para o DNA depois que Pauling, em 1950, propôs sua "alfa-hélice" como modelo de estrutura molecular para algumas das proteínas que estudou.

Para descrever a estrutura do DNA, Watson e Crick falaram em "bases, cadeia, fosfatos". "A importância do ácido desoxirribonucleico (DNA) no interior das células vivas é indisputada", afirmava a dupla. Mas, ao longo dos primeiros 50 anos do século, as proteínas disputaram com o DNA o título de molécula central na transmissão dos caracteres hereditários. Os céticos achavam o ácido nucleico simples demais para tarefa tão complexa. A maior parte das apostas convergia para elas, não para ele.

Lateralmente à busca da solução dessa grande questão – e o trabalho de Watson e Crick praticamente encerrou o debate –, ou trabalhando diretamente nela, os cientistas acumulavam informações sobre o DNA, que foi encontrado pela primeira vez em 1869, por Johann Miescher, um suíço estudioso do metabolismo das células. Miescher recolhera pus das bandagens usadas nos ferimentos dos soldados que participavam da Guerra da Criméia – por ser material muito rico em glóbulos brancos – e ali identificara uma substância que chamou de nucleína. Depois, em 1874, separou, na nucleína, o que era ácido nucleico – foi ele quem batizou o DNA – e o que era proteína. A precocidade da descoberta impediu a repercussão maior de seu trabalho. Com a virada do século, o estudo da hereditariedade ganhou a imaginação dos filósofos da natureza. No começo dos anos 30, quando a genética já nascera e amadurecera, sabia-se que sua molécula forma-se pela junção de blocos muito parecidos entre si; esses blocos, chamados nucleotídeos, constroem-se pela ligação de três grupos químicos diferentes: um fosfato (átomo de fósforo cercado por quatro átomos de oxigênio); um açúcar (a desoxirribose, no caso do DNA constituída por átomos de carbono, oxigênio e hidrogênio); e uma base (feita de carbono, oxigênio, hidrogênio e nitrogênio). Conhecia-se também o fato de ocorrerem quatro tipos diferentes dessas bases, chamados adenina, citosina, guanina e timina; só eles diferenciam um nucleotídeo de outro. Cadeias de DNA, longuíssimas – isso também era conhecido –, formavam-se pela combinação desses quatro diferentes nucleotídeos.

Essa história, longa como a cadeia de um ácido nucleico, é só um dos fios da pesquisa na área de *bioquímica* – o nome da especialidade fundada pelo jeito novo de Pauling de estudar proteínas na célula – ligada à genética. Haveria outros a desenrolar, cujas pontas também se enovelam para tecer a trama da era contemporânea da biologia. Nos dez anos que precederam a concepção da hélice dupla, experimentos feitos com vírus e com bactérias em laboratórios ingleses e norte-americanos terminaram por demonstrar que era mesmo DNA o que passava de geração em geração, no núcleo das células, engastado nos cromossomos.

No mundo da ciência, descobertas não caem como raios em céu azul: elas vão sendo engendradas, às vezes devagar, às vezes explosivamente. Faltava muito pouco para que pudesse emergir a estrutura molecular do DNA e uma explicação possível para seu mecanismo de cópia. Em 1951, Watson chegou a Cambridge e encontrou-se com Crick; ambos sabiam que a solução do problema passava pelos dados experimentais obtidos através do estudo do ácido nucleico com raios X. Muitos grupos usavam a técnica, cuja aplicação ao campo dos seres vivos Pauling inaugurara. Os melhores experimentos indicavam que a solução envolveria hélices.

Lê-se no artigo assinado por Rosalind Franklin, um dos três da revista *Nature* de 25 de abril de 1953: "A estrutura é provavelmente a de uma hélice. Os grupos fosfato ficam do lado de fora da estrutura, sobre uma hélice de diâmetro aproximado de 20 A"."A" quer dizer angstrom, uma unidade de medida usada para dimensões atômicas, que corresponde à décima milionésima parte do milímetro. "A estrutura provavelmente consiste em duas moléculas coaxiais." Ela estava mesmo muito perto – já sabia que haveria hélice e que os grupos fosfato ficavam do lado de fora. Acrescentava: "Portanto, nossas idéias gerais não são inconsistentes com o modelo apresentado por Watson e Crick na comunicação precedente". Não, não eram. O artigo de seu colega no King's College, Maurice Wilkins, mostra também o quanto todos cercavam a mesma idéia: "Em primeiro lugar, é preciso decidir se a estrutura consiste essencialmente em uma hélice [...] ou duas hélices similares coaxiais [...] ou três hélices [...]; em geral, parece haver um acordo razoável entre os dados experimentais e o tipo de modelo descrito por Watson e Crick". Era uma espécie de corrida, e o grupo da frente andava embolado. Pauling, aliás, propusera meses antes uma estrutura que a hipótese de Watson e Crick desmontou: três hélices entrelaçadas, com os grupos fosfato voltados para o interior delas.

Então, se todos cercavam a mesma concepção, por que a deusa das descobertas terá entregado o troféu, afinal, em Cambridge? Talvez um oráculo pudesse responder. Havia a proximidade com os grupos de Londres; mas houve também as informações agregadas em 1949 por outro pesquisador da área dos experimentos com raios X. Erwin Chargaff, estudando moléculas de DNA de diferentes organismos na Universidade de Columbia, em Nova York, chegou a dois achados: a quantidade de DNA e de suas bases nas células variava de espécie para espécie; no entanto – e isto perseguiu Watson durante meses –, para todas as espécies, a quantidade de adenina igualava a de timina; e a quantidade de guanina, a de citosina. Adeninas e timinas pertencem ao grupo de bases denominado purinas; guaninas e citosinas, ao grupo das pirimidinas. As duas palavras aparecem no belo raciocínio do segundo texto de Watson e Crick, publicado em 30 de maio de 1953 na mesma *Nature*, com que descrevem e embasam mais demoradamente a hipótese da hélice dupla e as conseqüências que anteviam.

"Esse pareamento é fortemente apoiado por resultados analíticos recentes, que mostram, para todas as fontes de ácido desoxirribonucleico examinadas, que a quantidade de adenina é próxima à quantidade de timina, e que a quantidade de guanina é próxima à quantidade de citosina [...]. De fato, como a seqüência de bases em uma cadeia é irregular, é difícil explicar esses resultados exceto pelo tipo de pareamento que estamos sugerindo."

Eis a referência à descoberta de Chargaff, que ajudou Watson e Crick a conceber a hélice dupla. Nos parágrafos seguintes, ambos avançam para além da estrutura. É emocionante segui-los pelo caminho que intuíram:

"O esqueleto de fosfato-açúcar de nosso modelo é completamente regular, mas qualquer seqüência de pares de bases pode se encaixar na estrutura. Segue-se que em uma molécula longa muitas permutações diferentes são possíveis, e portanto parece provável que a seqüência exata de bases seja o código que carrega a informação genética. Se a ordem de bases em um dos pares de cadeia é dada, pode-se deduzir a ordem exata das bases no outro par, por causa do pareamento específico. Logo, uma cadeia é, por assim dizer, o complemento da outra, e é esse detalhe que sugere como a molécula de ácido desoxirribonucleico duplica a si própria. [...]

"No momento, o esquema geral que propusemos para a reprodução da molécula do ácido desoxirribonucleico deve ser visto como especulativo. Mesmo que seja correto, fica claro do que dissemos que muito resta a ser descoberto antes que o quadro da duplicação genética possa ser descrito em detalhe. [...] O que faz o par de cadeias se desenrolar e separar? Qual o papel preciso da proteína? O cromossomo é um par longo de cadeias de ácido desoxirribonucleico? Ou consiste em trechos do ácido que as proteínas juntam?

"Apesar dessas incertezas, sentimos que nossa proposta de estrutura para o ácido desoxirribonucleico pode ajudar a resolver um dos mais fundamentais problemas biológicos – a base molecular da fôrma [*template*] necessária para a replicação genética. A hipótese que estamos sugerindo é que essa fôrma é o padrão de bases formado por uma cadeia do ácido desoxirribonucleico e que o gene contém um par complementar a essas fôrmas".

As perguntas, ao longo das duas décadas seguintes, encontraram respostas. As especulações do *paper* – 1. para replicar-se, as cadeias de DNA desenrolam-se, e fazem surgir, cada uma delas, um novo par de cadeias, em que a regra de formação da cadeia nova é dada pela ordem das bases na cadeia originária; 2. dessa maneira, a seqüência exata de bases carrega o código que permite a transmissão de caracteres hereditários; e 3. o gene é, ele próprio, um trecho de cadeias – provaram-se verdadeiras. O mecanismo era maravilhosamente simples. Nessa simplicidade, e nas possibilidades que ela abriu, fincou raízes o sonho de manejar a hereditariedade. Sem ela, dificilmente se poderia descrever como factível o desejo dos cientistas de se apossarem dos segredos dos genes humanos. E, 35 anos depois, nascia do cumprimento desse desejo o Projeto Genoma Humano.

2. A IMPLEMENTAÇÃO DE UM SONHO:

COMO CONVENCER O GOVERNO E O CONGRESSO NORTE-AMERICANOS A FINANCIAR O PROJETO GENOMA HUMANO

Os documentos que nos narram as promessas e as estratégias dos que conceberam e implementaram o Projeto Genoma Humano nos Estados Unidos podem ser consultados na rede internacional de computadores. Arqueólogos da rede encontrarão nos arquivos virtuais do governo norte-americano os rastros que revelarão a quantas andava o sonho de seqüenciar os genes no meio da década de 80. "Os mistérios da hereditariedade estão se rendendo à moderna biologia..." – eis a primeira linha das 214 páginas que o Office of Technology Assessment (Escritório de Avaliação de Tecnologia), como se chamava na época o órgão assessor para tecnologia da Casa Branca, preparou em 1988 para informar o Congresso sobre as intenções da comunidade científica de cumprir o desejo que já se desenhava na imprensa especializada.

Antes de seguir esses heróis contemporâneos no desafio que se impuseram – render os mistérios que cercam aquilo que herdamos de nossos antepassados –, é bom compreender, ainda que em linhas gerais, as dificuldades do caminho pelo qual pretendiam alcançar a vitória. O destino não está mais nas estrelas, declarou James Watson, está em nossos genes. E ele próprio, um dos pais do DNA contemporâneo, propunha-se a dirigir o exército que cumpriria o objetivo. Tratava-se, então, de "seqüenciar o genoma humano". Isso significa determinar a posição de cada uma das bases em todas as moléculas de DNA que os cromossomos humanos armazenam.

Havia, e ainda há, problemas técnicos intricadíssimos envolvidos na questão; a maior parte do tempo e do dinheiro despendidos pelo Projeto Genoma Humano – desde seu pré-lançamento, em 1988, até os dias de hoje, cerca de US$ 2 bilhões depois – foi usada para desenvolver as tecnologias de enfrentamento desses problemas. Um deles, que talvez já não seja o mais complexo, é o tamanho das cadeias de DNA enrodilhadas em nossos 23 cromossomos: algo como 3 bilhões de pares de bases. Felizmente, dada a regra da complementaridade das bases, quem seqüencia uma cadeia conhece também a outra – exatamente como especularam Watson e Francis Crick em 1953.

A empreitada, revela-nos o texto do Office of Technology Assessment *Mapeando Nossos Genes* logo em seu prefácio, tinha opositores: "Nos últimos dois anos, publicações científicas e técnicas das áreas de biologia e medicina têm debatido sobre a determinação da função e da ordem dos genes nos cromossomos humanos; e sobre quando determinar a seqüência dos blocos moleculares que compreende o DNA nesses cromossomos. Em 1987, esses assuntos chegaram a se tornar parte da agenda pública. O debate envolve ciência, tecnologia e política".

Ciência, tecnologia, política. Destinado a informar quatro diferentes comitês da Câmara dos Deputados e do Senado dos Estados Unidos, o documento consolidava a articulação que nascera no meio científico e combatia os argumentos dos que eram contrários ao engajamento das agências financiadoras de pesquisas no projeto. "O Congresso é responsável por 'escrever as regras' sobre o que várias agências federais fazem e por financiar seu trabalho", dizia o documento, assinado por John Gibbons, na época assessor do então presidente Ronald Reagan. "Este relatório pesquisou os pontos debatidos até agora, focando aqueles que mais diretamente influenciam as opções de política que se apresentam ao Congresso norte-americano."

Tratava-se, portanto, ali, de convencer deputados e senadores a deixar a controvérsia de lado e destinar dinheiro para que as agências governamentais pudessem desencadear o empreendimento. Os redatores transcreveram o trecho que mais os interessava do Artigo Primeiro da Constituição dos EUA: "Nenhum dinheiro será sacado do Tesouro a não ser em conseqüência de apropriações feitas por lei..."

O documento pedia ao Congresso para escrever as leis que autorizariam apropriações do Tesouro da ordem de US$ 200 milhões por ano – número prenunciado no documento de 1988 e sacramentado em 1990 no primeiro plano qüinqüenal do Projeto Genoma Humano. Até ali, o Department of Energy – que abriu, em 1986, um guarda-chuva chamado Iniciativa Genoma Humano, embaixo do qual ancorou uma série de atividades-teste da possibilidade de seqüenciar todos os nossos genes – já havia empenhado US$ 21 milhões no sonho e pedia mais US$ 18 milhões para o ano de 1989; e o National Institutes of

Health (NIH), segundo o documento, outros US$ 300 milhões, desde 1987 até 1989. Havia dois focos para os financiamentos (mas outras agências estavam envolvidas também): projetos que produzissem maneiras de descobrir mapas da posição dos genes no interior dos cromossomos, para que as seqüências obtidas pudessem ser ordenadas; e projetos que desenvolvessem as tecnologias necessárias para realizar seqüenciamento em larga escala – pois, até aquele momento, os laboratórios só podiam lidar com milhares de pares de bases, café-pequeno perto dos bilhões do genoma mais querido, o nosso. Sem esses requisitos, a viabilidade do projeto esfumaçava-se.

O seqüenciamento maciço era então um dos pontos em debate. "O compromisso atual é desenvolver as tecnologias que farão [o seqüenciamento em grandes volumes] mais rápido e mais barato e melhorar a capacidade das bases de dados de recolher e disseminar a informação resultante", enfatiza o relatório. Mas havia outros núcleos de controvérsia. Uma deliciosa declaração de dois cientistas que questionavam a utilidade da idéia, reproduzida da revista *Nature*, dizia: "Seqüenciar o genoma humano seria quase tão útil quanto traduzir as obras completas de Shakespeare para a escrita cuneiforme, mas nem tão factível, nem tão fácil de interpretar". Seus autores eram James Walsh e Jon Marks – dois nomes que nada suscitam agora. A posição deles, claro, parece nos dias de hoje ter sido a perdedora – embora a questão da dificuldade da interpretação dos dados permaneça atual. O governo dos EUA, de toda a forma, preferiu conduzir a questão para outras paragens, mais relativas ao "como fazer" do que ao "será que é para fazer?".

Esse debate teve participantes ilustres; o documento da Casa Branca oferece uma lista de citações para "ilustrar a vivacidade" da controvérsia entre "luminares da biologia molecular e disciplinas relacionadas". Um entre eles, aliás membro da comissão que escreveu *Mapeando Nossos Genes*, é Leroy Hood. Hood ainda vai merecer estátua no território da genômica: quando trabalhava no Caltech, desenvolveu a tecnologia do seqüenciador automático de DNA e repassou-a a uma empresa – a Applied Biosystems Division, mais conhecida como ABI. O Caltech, o mesmo em que trabalhara Linus Pauling, tem cinco estrelas de excelência no amplo continente da ciência contemporânea; e Hood, antes mesmo da elaboração do *Mapeando Nossos Genes,* já tinha o olho no objetivo de conquistar a hereditariedade. Resultou de sua iniciativa, e de seu pragmatismo, já existirem desde 1986 seqüenciadores automáticos à venda no mercado, para quem quisesse comprar. Sem essa máquina – diz o próprio Hood, e é difícil discordar dele –, não haveria como sustentar perante o Congresso e o governo norte-americano a "viabilidade" de determinar a posição de 3 bilhões de pares de bases do genoma humano. A máquina representava a possibilidade da leitura de seqüências de bases em grandes volumes.

Mas, além da utilidade e da possibilidade de seqüenciar genomas completos, havia outras objeções entre a comunidade científica. Elas ainda ecoam nas palavras de Hood. Ele não esqueceu o ceticismo que cercava a idéia do projeto no final da década de 80. Em 1999, recebeu uma equipe de reportagem brasileira;[2] e a lembrança do tempo em que buscou con-

---

[2] As entrevistas com cientistas norte-americanos foram concedidas à autora e sua equipe em março de 1999, para a realização da série de documentários *Genoma: Em Busca dos Sonhos da Ciência*, veiculada na TV Cultura de São Paulo em agosto do mesmo ano.

vencer o Congresso e seus colegas leva-o, tantos anos depois, a dois outros pontos da discussão da época. Ambos ajudam a conhecer melhor as transformações que o fato de os cientistas pró-projeto terem sido vitoriosos impôs à biologia nos últimos 15 anos.

Uma delas, a transformação da biologia em *big science* – e *big science* quer dizer grandes projetos, patrocinados pelo governo, com decisões centralizadas. A experimentação em física de partículas é um exemplo dessa maneira de organizar a atividade científica. Os projetos espaciais também. Na biologia, a pesquisa – tomando emprestada a definição fornecida pelo documento – era até ali concebida e executada por um investigador principal que dirigia um laboratório, ou um grupo de laboratórios, e recebia para isso um financiamento. Nesse modelo, há grande autonomia para o cientista – até porque ele é quem decide o que é ou não relevante para o avanço do conhecimento. No território que Hood ajudou a fundar, dadas as proporções industriais envolvidas no seqüenciamento e na análise dos dados, a atividade de pesquisa precisava abandonar o modelo da "ciência pequena".

A concepção do Projeto Genoma Humano era, em si, *big science*. Mais dinheiro envolvido – embora não tanto quanto o Projeto Manhattan, da bomba atômica, ou quanto a ida do homem à Lua –, prazos preestabelecidos para cada etapa da empreitada, divisão de tarefas segundo as necessidades do objetivo maior e tanta inovação tecnológica a ser produzida que a indústria teria que ser envolvida como parceira, a exemplo do que já acontecera no desenvolvimento do seqüenciador automático, durante todas as fases da empreitada. Mas será que *big science*, e a ameaça que parece conter à independência da pesquisa, é mesmo ciência? Será que tanta proximidade com a indústria é boa? Essas perguntas rondavam o debate entre quem ouvia as idéias dos seqüenciadores de genoma. Hood acredita, falando hoje, que foi o medo da *big science*, e de suas conseqüências para a prática científica, a maior das razões da resistência que o projeto enfrentou entre os pares.

A segunda lembrança de Hood do vívido debate nos leva a outro ponto, na mesma questão sobre o que é, e o que não é, ciência. "Não fazemos muitas perguntas nesse projeto" – esta objeção ainda é feita por experimentados cientistas – "simplesmente porque não queremos fazê-las." Que estranho: é bem estabelecido entre pesquisadores que os projetos devem conter perguntas; delas nascem às vezes respostas, e mais freqüentemente outras perguntas. Desde o começo, no entanto, os elaboradores do Projeto Genoma Humano, e depois os que aderiram a ele, decidiram renunciar a isso. Perguntas... depois – dizem esses novos biólogos. Agora, trata-se de obter com precisão grandes volumes de dados sobre nossos genes e armazená-los com acessibilidade; daí nascerá a rendição dos mistérios da hereditariedade ao engenho da pesquisa contemporânea.

Essa proposta ganhou o Congresso dos Estados Unidos em 1988. Em outubro de 1989, já na administração Bush, criou-se o National Human Genome Research Institute (Instituto Nacional de Pesquisa Sobre o Genoma Humano); em 1990, resistências silenciadas, o documento *Entendendo Nossa Herança Genética* apresentava o primeiro plano qüinqüenal de atividades do projeto. Reiterava que as despesas seriam de US$ 200 milhões por ano; fixava o prazo de 15 anos – 2005 – para apresentar a seqüência completa do genoma humano; e afirmava: "Espera-se que a informação gerada pelo Projeto Genoma Humano venha a se tornar a fonte para a ciência biomédica do século 21 e que seja de imenso benefício para o campo da medicina. Ela vai nos ajudar a entender e, no devido tempo, tratar muitas das mais de 4 mil doenças genéticas que afligem a humanidade, assim como as muitas doenças multifatoriais em que a predisposição genética tem um papel importante".

Consagraram-se essas afirmações; a mídia repetiu-as sem cessar, desde documentos das décadas passadas até este alvorecer do século 21, o tempo que a retórica do Projeto Genoma Humano elegeu para o cumprimento pleno dos benefícios. Nas palavras de Leroy Hood, na seqüência completa do genoma humano a biologia e a medicina encontrarão a plataforma de onde nascerão inúmeras novas perguntas. No esforço de argumentação feito nos cinco anos que antecederam a tomada firme de decisão sobre o projeto, outro pioneiro, o Nobel de 1980, Walter Gilbert, comparou a proposta a perseguir o Santo Graal – metáfora que transformava o grupo de articuladores em cavaleiros do rei Artur. O debate sobre o que há de propaganda e de simplificação nessa busca do Graal continua em curso; ele é mais profundo e diz mais sobre a vida contemporânea do que os argumentos alinhavados nos documentos oficiais deixavam entrever.

Não resta dúvida, no entanto, sobre as realizações que brotaram a partir da decisão de injetar dinheiro e esforço da academia e da indústria de ponta na idéia de criar as condições para seqüenciar DNA em grandes volumes – que, no jargão do território, consubstancia-se na expressão *high throughput*. Até 1988, a maior extensão de DNA jamais seqüenciada era a do gene humano que fabrica o hormônio do crescimento – 67 mil nucleotídeos. Em novembro de 1999, os 500 cientistas que trabalham na maior instalação de seqüenciamento no âmbito do programa – o Sanger Centre, instituição britânica financiada pelo Wellcome Trust e pelo Medical Research Council (o mesmo MRC que financiou James Watson, Francis Crick e Maurice Wilkins), principal parceiro dos Estados Unidos no esforço – comemoraram ter chegado ao primeiro bilhão de nucleotídeos seqüenciados do genoma humano. Atualmente, há centenas de centros de seqüenciamento espalhados pelos países centrais. O território expandiu-se enormemente; o Brasil, por exemplo, já pertence a ele desde 1998. As dúvidas quanto à viabilidade foram inteiramente dirimidas.

O plano qüinqüenal aprovado pelo Congresso dos EUA em 1990 previa a implementação do projeto principalmente pelo NIH ("que tem um interesse natural na Iniciativa Genoma Humano em vista da sua longa história no apoio à pesquisa em genética e biologia molecular como parte integral de sua missão de melhorar a saúde de todos os norte-americanos") e pelo Department of Energy (interessado na pesquisa genética dos "efeitos da radiação na saúde humana"). Até 1995, os esforços estariam dedicados especialmente a criar os mapas precisos do genoma humano e desenvolver e transferir as tecnologias que permitiriam a escalada da produção. Ao lado de seqüenciar o genoma humano, outros organismos também deveriam ter suas moléculas de DNA caracterizadas – os citados na proposta eram o rato, a mosca-das-frutas, uma minhoca de 900 células chamada *Caenorhabditis elegans* e a bactéria *Escherichia coli* – todos modelos usados no trabalho de laboratório. As etapas foram sendo cumpridas, padrões de manipulação dos cromossomos foram criados e disseminados, grandes centros de seqüenciamento foram montados. Uma das marcas dessas novas estruturas de pesquisa, anunciava o documento, seria congregar "times de investigadores de diversas disciplinas trabalhando em colaboração" – atualmente, uma maneira mais freqüente de organizar a produção de conhecimento no campo da genômica.

De 1989 a 1992, Watson dirigiu o empreendimento, como seu executivo principal. O destino está nos genes, e não nas estrelas; genes são trechos de moléculas de DNA; e moléculas de DNA, como a descoberta de 1953 revelou, eram construções simples feitas de quatro blocos diferentes. Em menos de 50 anos, a ciência anteviu os meios para ler e armazenar a posição das bases em qualquer molécula de DNA, e desenvolveu-os. Ao Projeto Genoma Humano deve-se o instrumental que transformou a arte de seqüenciar numa banalidade. É de se tirar o chapéu para os que sonharam realizar desejo tão ambicioso.

3. RESISTÊNCIAS:

O SONHO DE SER O PRIMEIRO A SEQÜENCIAR OS CROMOSSOMOS HUMANOS

A descoberta de como se dispõe no espaço a molécula de DNA, e suas conseqüências imediatas para o estudo da hereditariedade, mereceu o Prêmio Nobel. Os membros do Karolinska Institut, de Estocolmo, que desde 1901 escolhem os agraciados, distinguiram James Watson, Francis Crick e Maurice Wilkins com o Nobel de Medicina em 1962. O nome de Rosalind Franklin não estava ao lado de seus colegas. Ela morrera em 1957, de câncer, aos 38 anos.

Os cientistas dizem que não há reconhecimento maior do que o Nobel. Os "cientistas", pode ser; mas não o inovador Craig Venter. Em março de 1999, falando à equipe de reportagem brasileira que produziu o documentário *Genoma: Em Busca dos Sonhos da Ciência* (TV Cultura/SP), ele declarou que, entre ganhar o Nobel ou ser o primeiro a seqüenciar o genoma humano, ele preferia concentrar-se no segundo feito. Ser o primeiro a determinar a ordem das bases do genoma humano exigiu duas condições: terminar o trabalho antes que o fizessem as centenas de cientistas envolvidos no projeto público desde a década de 80; e fazê-lo privadamente, sem as verbas de financiamento do governo norte-americano. Venter recebeu os jornalistas brasileiros no TIGR – The Institute for Genomic Research –, fundado por ele mesmo em 1992; mas, seis meses antes da conversa, havia trocado a presidência do instituto (e seu direito a ocupar a sala em que hoje trabalha sua mulher, a bióloga molecular Claire Frasier) por um novo e mais desafiador empreendimento: a organização da Celera Genomics, uma empresa privada, plataforma articulada por ele para escalar o Everest que escolheu para si mesmo. A notícia da mais nova criação de Venter, e de seu intento, formalizada em maio de 1998, provocou um terremoto. Suas proporções podem ser mais bem apreciadas quando se examinam os marcos anteriores dessa história, protagonizados por aquele que se tornou um de seus mais notórios participantes.

Os feitos do TIGR credenciavam Venter a pensar em ser o primeiro. Se o futuro for tão influenciado pela pesquisa em genomas como nos prometem a mídia e o entusiasmo científico dos novos biólogos, a cidade de Rockville, a cem quilômetros de Washington, em seu próximo folheto turístico pode botar uma fotografia da fachada do instituto de pesquisa com a legenda: "TIGR: o Lugar Onde Foi Seqüenciado o Primeiro Genoma Completo de uma Bactéria". Deu-se em 1995 esse fato; chamava-se *Haemophilus influenzae Rd* o primeiro *free living organism* genomicamente devassado. A prestigiosa revista *Science* publicou em julho daquele ano o *paper* com a seqüência completa do 1,8 milhão de nucleotídeos do único cromossomo da bactéria. O artigo transformou-se logo em clássico;

bons observadores dizem até que se deve a ele a constituição da genômica.

"Whole-Genome Random Sequencing and Assembly of *Haemophilus influenzae Rd*" ("Montagem e Seqüenciamento Aleatório do Genoma Completo da *Haemophilus influenzae Rd*"), esse era o nome do artigo, assinado por um grupo de pesquisadores que ainda trabalham com Venter. Para os biólogos moleculares, a importância do resultado não se deveu à esperança de que a seqüência completa do genoma poderia trazer alívio para os malefícios causados pela bactéria. O ineditismo do trabalho residiu em mostrar, para além dos ceticismos, que havia um outro jeito de seqüenciar moléculas grandes de DNA, mais rápido e mais barato, diverso do que fora desenvolvido e aprovado na esteira do Projeto Genoma Humano – e que, por isso, era o único bem estabelecido até ali. O "seqüenciamento aleatório de genoma completo" usava caminhos já bem testados; mas a eles misturava uma inovação. Essencialmente, os pesquisadores do TIGR aplicaram o método consagrado do *shotgun* ("chumbo grosso"). As linhas básicas do método não eram novidade. Quem concebeu o *shotgun* foi o pioneiro dos pioneiros do seqüenciamento, duas vezes Prêmio Nobel de Química, o inglês Frederic Sanger, que utilizou (e batizou) o *shotgun* em 1977 para seqüenciar as 5.368 bases do genoma de um vírus usado em laboratório – a primeira molécula de DNA inteiramente seqüenciada na história. Deve-se a Sanger a invenção que permite aos cientistas "ler" a base que ocupa cada posição dentro de uma molécula de DNA; e foi Leroy Hood quem criou a máquina que automatizou o sistema de Sanger. Incidentalmente, também foi ele quem caracterizou a insulina, o que lhe valeu o Nobel em 1958.

Mas o que é esse *shotgun*? Trata-se de purificar quantidades grandes da molécula de DNA sob escrutínio, picá-las em pedaços, reproduzi-las muitas vezes e então descobrir a ordem das bases em cada pedaço. Essa é a fase que se chama propriamente de seqüenciamento; no tempo de Sanger, seqüenciavam-se manualmente trechos pequenos de moléculas de DNA, dada a demora inerente ao processo. Depois dos seqüenciadores automáticos, o seqüenciamento ganhou um caráter repetitivo e fortemente industrial, o que permitiu o enfrentamento de moléculas de DNA cada vez mais longas. A fase seguinte, a montagem, oferecia, e continua oferecendo, problemas técnicos mais difíceis. É preciso comparar, pedaço a pedaço, a ordem das bases nas suas extremidades; quando a seqüência da extremidade de um pedaço é idêntica à seqüência da extremidade de outro pedaço, deduz-se que esses dois pedaços devem estar um ao lado do outro. Da comparação sai o ordenamento dos pedaços do genoma em questão, e fica determinada então a seqüência das bases na molécula de DNA.

É claro que, quanto mais pedaços para comparar, mais difícil estabelecer a ordem. E a ordem, como especularam Watson e Crick, fornece o código de transmissão da informação genética. Mesmo Sanger só utilizou o método do *shotgun* para determinar o material genético de vírus, pois uma das características desses seres especiais é ter genomas pequenos, formados por uma única e curta molécula de ácido nucleico (vírus precisam usar os mecanismos de replicação das células dos organismos em que se instalaram para replicar seu próprio DNA; essa é uma das razões pelas quais necessitam de poucos genes – e de genomas pequenos).

Que inovação bem-sucedida propôs o TIGR no caso da *Haemophilus influenzae*? Aplicar o *shotgun* diretamente a seu genoma: basicamente um cromossomo que é uma molécula de DNA circular. Simples, sim; mas também enorme, para a época. Sabe-se hoje, depois do ensaio publicado, que o genoma é formado por 1.830.121 bases. Entre especialistas, era consenso que, diretamente por *shotgun*, só seria possível montar genomas de, no máximo, milhares de pares de bases. No entendimento que prevalecia no meio da década de 90, entre o *shotgun* e uma molécula de DNA em sua inteireza havia outras etapas imprescindíveis, justamente aquelas que o Projeto Genoma Humano se ocupara em aperfeiçoar até ali: obter um mapa prévio dos cromossomos, para depois dividi-los em pedaços grandes – da ordem de milhares de pares de bases –, aos quais, então, tornava-se possível aplicar o método do *shotgun*.

Em 1994, o TIGR pediu financiamento ao NIH para seqüenciar o DNA da bactéria *Haemophilus influenzae*, e seus quase 2 milhões de nucleotídeos, diretamente por *shotgun*. A resposta ao pedido foi "não", coerente com o conhecimento estabelecido. (Não era o primeiro "não" que Venter recebia de seus pares. Em 1991, trabalhava no próprio NIH, para o Projeto Genoma Humano, e teve um pedido de financiamento denegado. Sua reação foi deixá-lo e fundar o TIGR – para não depender só das verbas do governo e poder testar suas próprias idéias.) Mesmo assim, em 13 meses, e sem o dinheiro do NIH, o TIGR provou a viabilidade do método. Sua equipe completou o seqüenciamento e montou o genoma da bactéria.

Como conseguiu montá-lo? Através de softwares sofisticados, que resolveram os problemas ditos impossíveis de solucionar sem o mapeamento prévio, e sem dividir o cromossomo em pedaços menores antes do *shotgun*. Com os novos programas, engendrados por especialistas em bioinformática – especialidade característica dessa área –, o genoma pôde ser ordenado a partir das seqüências de 24 mil pedaços sem ter sido mapeado antes. Uma etapa cara e demorada, mais artesanal do que industrial, desapareceu do processo.

Estamos quase prontos para avaliar o terremoto causado por Venter quando ele anunciou que iria fundar uma companhia particular para seqüenciar o genoma humano inteiro usando diretamente o *shotgun*. Antes, no entanto, um dado estatístico: entre julho de 1995, quando o TIGR tornou-se "o Lugar Onde Foi Seqüenciado o Primeiro Genoma Completo de uma Bactéria", e maio de 2000, grupos de cientistas já haviam seqüenciado, ou estavam seqüenciando, os genomas de 140 diferentes bactérias, fungos e parasitas. Em cinco anos, 31 genomas completos foram publicados. O 32º foi o da bactéria *Xylella fastidiosa*, seqüenciado em São Paulo pela Rede Onsa, organizada pela Fundação de Amparo à Pesquisa do Estado de São Paulo (Fapesp), e completado em fevereiro de 2000. A nova abordagem – rápida e barata – que Venter imaginou acendeu a faísca da explosão de seqüenciamento de genomas microbianos; nesse sentido é que se diz que ele inventou a genômica. A ousadia de usar essa abordagem, que tornou quase trivial seqüenciar genomas bacterianos, para enfrentar um genoma complexo como o humano compunha o quadro do abalo ocasionado pela criação da Celera.

A onda de choque veio anunciada por um *press release*, datado de 9 de maio de 1998. Começava assim: "A Perkin Elmer Corporation, o dr. J. Craig Venter e o TIGR anunciaram hoje que assinaram cartas de intenções relacionadas à formação, pela Perkin Elmer e pelo dr. Venter, de uma nova companhia de genômica. Sua estratégia estará centrada em um plano para completar substancialmente o seqüenciamento do genoma humano em três anos". Em três anos! E junto com uma fabricante de equipamentos! Mais: "Usando tecnologia recente para análise de DNA em desenvolvimento pela Applied Biosystems Division da Perkin Elmer, aplicada a estratégias de seqüenciamento das quais o dr. Venter e outros do TIGR foram pioneiros [o uso do *shotgun* diretamente no genoma completo], a companhia vai operar uma instalação de seqüenciamento com capacidade esperada maior que a capacidade reunida atualmente em todo o mundo".

Capacidade maior de produzir leituras de pares de bases do que toda a capacidade do Projeto Genoma Humano! Seria possível? Sim: era possível naquele momento de transição, e esse senso de oportunidade teve Venter, um homem que não se acanha em dizer que gosta de ganhar bastante dinheiro. Em maio de 1998, 5% do genoma humano estava seqüenciado. Pouco, bem pouco, nove anos depois da instalação do National Human Genome Research Institute. Mas por que esse número tão baixo? Porque o foco dos programas governamentais, até ali, estivera no desenvolvimento de novas tecnologias e no mapeamento minucioso do genoma, e não no seqüenciamento propriamente dito. A hora, portanto, revelava-se duplamente oportuna: primeiro, os competidores ainda não tinham efetivamente entrado no campo da grande produção, para eles a fase que viria imediatamente a seguir; segundo, o movimento do *outsider* o colocara na posição de primeiro beneficiário da "tecnologia recente para análise do DNA", que não teria sido desenvolvida não fora a estratégia do projeto oficial. Os novos seqüenciadores, ditos "capilares" – que custavam cerca de US$ 300 mil na época –, quintuplicavam a capacidade de leitura de bases. A Celera Genomics, nome com que a companhia viria a ser batizada, começaria a operar no ano seguinte com 200 dessas novas máquinas. Craig Venter prometia 100% da seqüência já para 2001. Estimava um custo de US$ 250 milhões – barato assim porque, na estratégia de seqüenciamento na qual era pioneiro, não havia fase de mapeamento, nem desenvolvimento de tecnologia.

O ano do furacão Craig – historiadores do tema não se esquecerão de 1998 – coincidiu com o fim do segundo plano qüinqüenal do Projeto Genoma Humano norte-americano. Em 1992, James Watson considerou cumprida sua missão à frente do National Human Genome Research Institute. Sucedeu-o o médico Francis Collins, que decidiu rever o plano qüinqüenal da primeira administração, que ia por sua segunda metade. O anúncio da formação da Celera pegou então os governamentais neste ponto: preparando-se para prestar contas do que haviam prometido fazer naqueles confortáveis cinco anos. Mostrariam louros: o trabalho bem planejado, irrigado por um fluxo constante de dinheiro, realizado sem atropelos no melhor estilo *big science*, dera frutos. Eles podiam apresentar como feitos os genomas completos da levedura e da *Escherichia coli*. Mas o prazer das descobertas se via diminuído pela ação do TIGR, a julgar pelo tom do belga André Goffeau num artigo da *Science*: "por muitos anos, acreditamos que o primeiro genoma seqüenciado inteiramente seria o da *E. coli*, estimado em 4.720 bases; mais recentemente, cogitou-se da perspectiva de completar o genoma muito mais longo da levedura *Saccharomyces cerevisiae*, de 12,5 milhões, antes do fim de 1995. Mas, para a surpresa de todos, um *outsider* ganhou a corrida para a primeira seqüência completa de um genoma, a da *Haemophilus influenzae...*" Goffeau, quando escreveu o texto, dirigia o consórcio internacional que seqüenciava a levedura, trabalho encerrado em 1996; o nome dele brilha, por isso, no cenário da genômica internacional. Brilha também intensamente no firmamento científico nacional, por ter emprestado sua experiência aos brasileiros que seqüenciaram a *Xylella fastidiosa*.

Na folha de serviços, os *insiders* do genoma humano também teriam a possibilidade de dizer que a minhoquinha elegante, a *Caenorbabditis elegans*, entregaria os segredos de seu genoma (o primeiro de um animal!) logo mais em novembro – perfeitamente no prazo, uma operação conjunta entre o Sanger Centre e o centro de seqüenciamento da Washington University, coordenada por Robert Waterston, em Saint Louis, nos EUA, e por John Sulston, em Cambridge, na Inglaterra. As metas sobre mapas, inclusive do genoma do camundongo, e tecnologias de seqüenciamento, todas cumpridas. No geral, estavam à frente ou pontuais com as metas, e haviam gastado menos do que o previsto. Até ali, US$ 1,52 bilhão.

Mas... Bases seqüenciadas de genoma humano, mesmo, só havia 160 milhões; no cronograma bem urdido do National Human Genome Research Institute e do Wellcome Trust, seu principal parceiro internacional, a inteireza das nossas estimadas 3 bilhões de bases só em 2005, o 15º e último ano do projeto, tal como estava combinado desde 1990. Em outubro de 1998, três meses depois da onda de choque, com o furacão Craig ainda soprando (nunca mais pararia de soprar), Collins fez publicar na *Science* o segundo plano qüinqüenal de sua administração. Informa o documento: "Um novo plano, para 1998-2003, é apresentado, no qual o seqüenciamento de DNA será a maior ênfase. Um ambicioso cronograma foi montado para completar a seqüência no fim de 2003, dois anos antes das projeções prévias. No curso de completar a seqüência, um 'esboço de trabalho' do genoma humano será produzido no fim de 2001".

O *staff* do projeto oficial "sentiu", poderia observar um cronista esportivo ao tomar conhecimento das novas metas. Novo prazo, dois anos antes do previsto, para apresentar a seqüência completa, e um "esboço" para 2001 – quando a Celera prometia terminar o "seu" genoma humano. Entre a edição da *Science* de outubro de 1998 e o lançamento da primeira seqüência completa do genoma humano, haveria ainda mais uma revisão. Uma injeção extra de US$ 88 milhões, anunciada em março de 1999 pelo vice-presidente dos Estados Unidos, Al Gore, encurtou o prazo para que se chegasse ao "esboço de trabalho" ainda na primavera de 2000. Primavera do hemisfério norte termina em junho. Craig Venter pingou suas fichas; e prometeu para o mesmo mês não um esboço, mas a coisa em si.

Seria possível? Nos corredores dos laboratórios dos cientistas ligados ao projeto oficial, repórteres eram avisados para não acreditar sem reservas nas promessas de Venter. Nas publicações especializadas, a questão central era o debate em torno da possibilidade de montar o genoma humano depois de seqüenciado diretamente por *shotgun*. Para entender o ceticismo com que os cientistas do projeto oficial tratavam a promessa da Celera, é necessário conhecer mais profundamente certas intimidades dos genomas, e as múltiplas resistências que opõem ao sonho dos seqüenciadores.

4. INDOCILIDADES GENÔMICAS:

ALGUMAS DAS DIFICULDADES TÉCNICAS QUE SITIAM OS SEQÜENCIADORES DE GENES

Genomas não se oferecem todos com a mesma docilidade aos que se propõem a seqüenciá-los completamente. Apesar de se tratar de obter, em todos os casos, a ordem das bases na molécula (ou moléculas) de DNA, há diferenças que requerem o uso de diferentes técnicas de abordagem. A mais central delas, uma diferença que os manuais chamam "anatômica", separa o genoma de organismos cujas células não têm núcleo – procariotos, como as bactérias – do genoma dos organismos de células com núcleo – eucariotos, entre os quais estão humanos, camundongos, levedura, milho, minhocas, chimpanzés, enfim, animais e vegetais que executam muitas tarefas para poder se manter vivos, reproduzir-se e, depois, morrer. Quando Craig Venter anunciou que iria seqüenciar o genoma "mais querido" – somos eucariotos – com o mesmo método que desenvolvera para se apossar do genoma da *Haemophilus*, procarioto, muita gente competente e dedicada duvidou mais uma vez do *outsider*. A razão dos céticos estava nas dificuldades consideravelmente maiores que genomas não-bacterianos impõem aos que desejam determinar a ordem precisa dos nucleotídeos em suas moléculas de DNA.

Para começar, os genomas de bactérias são muito menos extensos do que os outros – característica que, mesmo com os avanços tecnológicos espetaculares registrados na vida contemporânea do território, ainda facilita a vida dos seqüenciadores. Em geral, mas não sempre, há uma molécula de DNA longa, circular, que se enrodilha em si mesma muitas vezes para caber dentro da pequenez da célula. O da *Escherichia coli*, aquele que os *insiders* do Projeto Genoma Humano esperavam ser o primeiro inteiramente seqüenciado, tem 4,6 milhões de nucleotídeos, e uma circunferência de 1,6 milímetro. Esses menos de dois milímetros são enormes para os espaços pequenos e apertados da célula. Como os biólogos conhecem muito bem essa bactéria porque a velocidade com que se duplica – uma vez a cada 15 ou 20 minutos – faz dela um útil modelo de laboratório, já sabem que sua molécula de DNA se enrodilha em muitos laços, que se enganchamnuma proteína central. A molécula enlaçada a essa proteína forma o cromossomo da bactéria. O cromossomo flutua dentro do meio aquoso delimitado pela membrana da célula (seu citoplasma), em que estão os nutrientes de que ela precisa, as substâncias que usa para duplicar seu DNA e executar outras funções bioquímicas. Não é incomum que haja uma ou duas outras moléculas muito mais curtas de ácido desoxirribonucleico no citoplasma, também circulares, que constituem os plasmídeos.

Os seqüenciadores apontam outra característica dos genomas de bactérias, que os diferencia dos genomas eucariotos: o fato de serem compactos. Compacto, aqui, serve de sinônimo para denso, geneticamente denso: muitos genes em pouco DNA. Genes são trechos de DNA; mas nem todo trecho de DNA é gene. O que dá a um trecho da molécula de DNA o *status* de gene é o fato de a célula encontrar ali as informações de que precisa para criar proteínas – os compostos que animam o movimentado interior da célula, tenha ela núcleo ou não. Os cientistas dizem que um gene se expressou quando produziu proteína. Logo adiante, será necessário entender melhor o que são proteínas; e saber que há genes que não expressam proteína.

Mas essas sabedorias não farão falta por agora para discernir genomas de bactérias dos outros. Dizem, então, os seqüenciadores – assentados na experiência de já se terem apoderado, ou estarem se apoderando, da seqüência de mais de cem genomas bacterianos – que nas moléculas de DNA, em geral circulares, que formam os cromossomos desses organismos, encontram-se quase somente genes. Um exemplo: o genoma da bactéria *Xylella fastidiosa*, seqüenciado no Brasil. Quando o seqüenciamento terminou, no começo do ano 2000, descobriu-se que sua molécula principal de DNA tem 2,7 milhões de nucleotídeos; neles, os pesquisadores de São Paulo reconheceram os sinais da existência de 2.700 genes. Levando-se em conta que, em média, um gene prolonga-se por 10 mil nucleotídeos, basta dividir 2,7 milhões pelo tamanho médio de um gene para notar que a molécula de DNA da *Xylella* tem um gene atrás do outro.

Na *Escherichia coli*, por exemplo, só 11% do DNA não são genes. Especula-se que a explicação para tanta densidade passa por considerações sobre a evolução das espécies. A pressão que a seleção natural exerce sobre as bactérias torna mais capazes de sobreviver as espécies que se reproduzem depressa; fazê-lo, do ponto de vista genético, implica duplicar com rapidez seu genoma; e, como mais genes geralmente significam a capacidade de realizar mais funções diferentes, quanto mais curta e mais densa for a molécula de DNA que deve ser duplicada, maior será a possibilidade de sucesso da espécie que dela depende. Bom para as bactérias; também uma sorte para os seqüenciadores de genomas procariotos.

Situação muito diferente vivem os seqüenciadores de genomas das células de animais e plantas. Tome-se o genoma humano. São cerca de 3 bilhões de nucleotídeos; e sobre a maior parte de tanto DNA – 97%, estimam os especialistas – *não* há genes. Um mistério, este. Mas, no meio da corrida para conquistar a ordem precisa da seqüência, poucos cientistas têm tempo de se empenhar a fundo em desvendá-lo. O "DNA não-genético" é chamado, na tradição local, de *junk DNA*, "DNA lixo" – embora se especule que ele há de ter funções para as quais os cientistas *ainda* não conseguem atinar. O *junk DNA* torna os genomas de animais e plantas duplamente indóceis aos esforços dos desbravadores, por fazê-los monotonamente longos e por exigir uma atividade suplementar: pescar, em oceanos de DNA, os trechos que são genes.

Genes... O que são eles, afinal? A descoberta de James Watson e Francis Crick deu uma nova dimensão a essa pergunta, ao trazer materialidade à idéia. Sim, até o meio do século 20, a genética conhecia vários efeitos causados por genes, mas não conseguira lhes atribuir uma precisa substância. Depois da descoberta da hélice dupla em 1953, gene virou um trecho de DNA, uma parte da cadeia de nucleotídeos que se organiza pela ligação das timinas com as adeninas, e das guaninas com as citosinas; ganhou assim uma composição química, uma posição no espaço, uma existência física. A idéia da herança, de que há algo que nos antecede e nos sucede (e que portanto suspende a passagem do tempo por meio de uma repetição), encontrou sua síntese – conforme a descrição da ciência contemporânea – na seqüência de alguns milhares de nucleotídeos, feitos de fosfato, açúcar e bases nitrogenadas, capazes de informar à célula que proteínas produzir.

Para a nova biologia, o gene, tão material e apreensível na forma de uma sucessão linear de bases, ocupa o centro da concepção de herança, idéia ancestral e amorosamente cara à humanidade. Essa simplicidade aparente, essa redução, enfunou as velas do sonho dos pioneiros, ao tornar factível – como enfatizariam mais tarde os textos do Projeto Genoma Humano – determinar a seqüência de todo e qualquer gene. Um gene ser um trecho de DNA transformou o desejo de fazer os mistérios da hereditariedade renderem-se à nova biologia – como tão bem expressa o ensaio *Mapeando Nossos Genes* – numa questão a depender apenas de planejamento, engenho e talento para resolver problemas práticos. Mas não haverá rendição sem luta!, parecem dizer os desafiantes genomas eucariotos aos seqüenciadores. Localizar genes das bactérias é tarefa até fácil, pois, além de estarem praticamente lado a lado no genoma, apresentam-se também aos seqüenciadores como trechos contínuos da seqüência do DNA. Não é assim com os genes dos animais e das plantas. É preciso imaginar como uma célula é, na concepção dos biólogos contemporâneos, para apreender essa diferença e o tanto de complicação que ela introduz na vida de um seqüenciador.

As correntes dominantes da ciência de hoje vêem a célula como uma máquina cujo bom funcionamento depende da fabricação adequada de milhares de compostos químicos diferentes – proteínas, enzimas (que também são proteínas), ácidos nucleicos. Antes de Watson e Crick, a bioquímica já descobrira que as proteínas são compostos constituídos também por blocos que se repetem. Não apenas quatro diferentes blocos, como no caso dos ácidos nucleicos, mas 20; não nucleotídeos, mas aminoácidos. Felizmente para os estudiosos das proteínas, elas se formam, em geral, com só 200 desses aminoácidos encadeados. Em compensação, sua estrutura espacial é extremamente complexa, cheia de hélices que se interpenetram; as revistas científicas gostam de se adornar com as lindas figuras que as representam. Em 1944, Frederick Sanger já estabelecera a ordem dos aminoácidos na insulina produzida por bois – e, por ter sido o primeiro a seqüenciar uma proteína, recebeu um de seus dois Prêmios Nobel.

Células são vistas, então, como fábricas de proteínas. Os investigadores de sua interioridade seguiram a pista levantada pela similaridade entre proteínas e DNA, tornada explícita quando compararam a estrutura em hélice dupla às descobertas anteriores, de Linus Pauling e outros pioneiros. Conta-nos um dos mais abalizados historiadores do assunto – Horace Freelande Judson, o entusiasmado autor de *O Oitavo Dia da Criação* (sendo esse oitavo dia o da descoberta de 1953) – que Crick, durante os dez anos seguintes ao "estalo" da estrutura molecular do DNA, ocupou um lugar central dentro da comunidade científica para conceber e comprovar as idéias que explicam como a fábrica sai do gene e chega à proteína. Ensina o texto de Judson, escrito em linguagem pessoal e encantadora, que o problema da síntese das proteínas na célula viva, depois do *paper* de 1953, virou *a* questão da biologia. Crick percorreu os laboratórios de seus pares em dois continentes para incentivar a colaboração entre eles.

Quando raiou a década de 70, o núcleo dos conhecimentos necessários para responder à questão central ficou pronto; e duas de suas idéias principais vieram de Crick. Uma terceira brotou do trabalho interconectado de Jacques Monod, André Lwoff e François Jacob, no Instituto Pasteur de Paris. Reunidas, essas idéias descrevem mecanismos básicos sobre a célula, pensada como uma fábrica de proteínas; um processo que começa com a "transcrição" do gene, no qual intervém outro ácido nucleico, o RNA, ácido ribonucleico; e depois sua "tradução", realizada numa estrutura específica da célula chamada ribossomo.

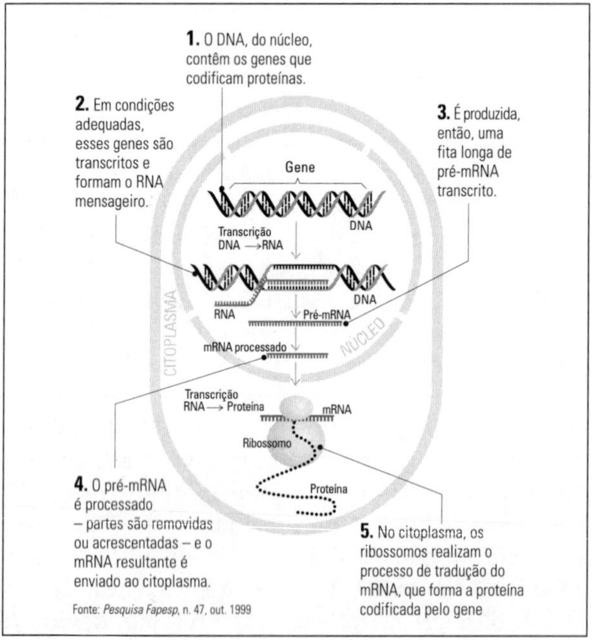

Fonte: *Pesquisa Fapesp*, n. 47, out. 1999

Simplificadamente, a descrição nos conta que o DNA do gene funciona como um modelo para a construção de uma molécula de RNA. A molécula de RNA é muito parecida com a molécula de DNA; também ela apresenta-se no espaço como hélice dupla; do ponto de vista de sua composição, a diferença em relação ao DNA é a base uracil, que substitui a timina; outra diferença importante é que a molécula de RNA desfaz-se facilmente. São moléculas de RNA de dois tipos diferentes que "apreendem" a mensagem contida na seqüência do DNA que forma o gene e a levam até o lugar em que a mensagem, traduzida, dará lugar a uma proteína. DNA, RNA, proteína: estes são os passos, e se dão nessa ordem. Crick postulou-os junto com George Gamov, outro dos físicos – como o próprio Crick – que marcaram lugar na história recente das ciências da vida. Essa idéia passou à história como "dogma central da biologia molecular".

Uma proteína, então, constitui-se pela combinação de 20 diferentes aminoácidos postos em seqüência. Se os passos eram "DNA, RNA, proteína", devia haver um código dado pela seqüência das bases do DNA do gene transcrito no RNA que levasse à seqüência de aminoácidos da proteína. Crick novamente, junto com o bioquímico Sidney Brenner, demonstrou experimentalmente que seqüências de três bases do gene deveriam comandar o encaixe de cada diferente aminoácido na cadeia protéica. Brenner e Crick chamaram essas seqüências de *codons*; em 1961 um pesquisador menos famoso, Marshall Nirenberg, conseguiu associar determinado *codon* a determinados aminoácidos. A façanha lhe valeu o Prêmio Nobel de 1968.

Montou-se, assim, o arcabouço da explicação de como, a partir de genes, de DNA, chega-se a proteínas. O próximo tijolo na construção fez o modelo tornar-se dinâmico; aí entrou o gênio francês. Se as moléculas de RNA desfazem-se com rapidez – isto é, são instáveis –, e se a célula consome as enzimas e proteínas empacotadas a partir das informações que o RNA traz do DNA, é preciso que haja uma produção continuada da molécula carregadora da mensagem e, conseqüentemente, uma atividade também continuada do gene que lhe corresponde. Por outro lado, modificações no meio em que a célula está estimulam a produção desta ou daquela proteína. Devia existir, então, um mecanismo que regulasse a ativação, ou desativação, dos genes do genoma. A partir dessa hipótese, Lwoff e seus colaboradores procuraram e acharam um tipo especial de gene, genes "operadores", que ligam e desligam outros genes, fazendo-os produzir ou não as proteínas necessárias.

Então, quando a célula precisa, ou deixa de precisar, de uma determinada proteína, ela ativa genes que ativam, ou desativam, os genes correspondentes à proteína a ser sintetizada. Essa ativação dos genes "operadores" é feita, também, através de proteínas; assim, a célula passa a vida ligando e desligando genes para se adaptar ao meio ambiente ou realizar suas funções internas. Os estudiosos de genética já aprenderam a reconhecer seqüências especiais na molécula que participa do mecanismo regulatório, que liga e desliga genes; e usam essas seqüências especiais para distinguir os trechos de DNA que são genes dos que não são. Há regiões chamadas promotoras e regiões chamadas terminadoras; elas sinalizam, respectivamente, "descendo pela cadeia há um gene que será transcrito" e "acabou a parte da cadeia a ser transcrita". Proteínas específicas (também produzidas por genes) reconhecem esses sinais; elas se encaixam nesses sítios específicos e assim regulam a transcrição dos genes – geniais, estes pesquisadores franceses, que perceberam o aspecto dinâmico do processo. É mais fácil achar um gene nos genomas bacterianos, porque são compactos; é muito mais difícil pescá-los nos genomas de animais e plantas, porque estão separados por seqüências enormes de *junk DNA*.

Mas a resistência que os genomas eucariotos antepõem aos seqüenciadores não se esgota no fato de os genes apresentarem-se espalhados, difíceis de localizar, em longuíssimas cadeias de DNA. Há ainda outros problemas. Um deles, a razão principal do ceticismo com que foi recebido o projeto de Craig Venter de aplicar o *shotgun* diretamente ao genoma humano, são as repetições. No *junk DNA*, ocorrem trechos em que uma mesma seqüência de bases se repete muitas e muitas vezes. Esse problema existe para os genomas bacterianos também, mas em menor escala. As repetições confundem os programas de computador usados para montar os genomas; os softwares não distinguem as repetições umas das outras e eliminam-nas da montagem. O resultado é que a seqüência final fica ou incompleta, ou incorreta. Mesmo para os *insiders* do Projeto Genoma Humano, que não usam diretamente o *shotgun* sobre todo o genoma justamente para contornar esses problemas técnicos, as repetições podem transformar em missão impossível o trabalho de determinar todas as bases de um genoma.

Por tudo isso (e por outras intimidades dos genomas que só os especialistas conhecem completamente), os cientistas do projeto oficial opuseram sua descrença ao anúncio de Venter naquele primeiro semestre de 1998. Ao lado da descrença, levantaram outras duas questões importantes. Uma delas, a da política de divulgação dos dados. O compromisso do Wellcome Trust e do governo dos Estados Unidos garante a publicidade imediata de todas as seqüências obtidas – importante para que a comunidade científica de todo o mundo possa debruçar-se o mais rapidamente possível sobre informações consideradas tão ricas e promissoras. Do lado privado, não se espera esse compromisso – uma vez que o retorno dos pesados investimentos feitos para obter a seqüência do genoma humano nas instalações da Celera deveria encontrar sua recompensa através do patenteamento dos genes que possam interessar à indústria ligada à biomedicina. A outra preocupação, complementar à descrença sobre o método proposto por Venter, diz respeito à qualidade da seqüência obtida.

A seqüência do genoma humano que os cientistas do projeto oficial organizaram-se para obter deveria ser precisa, completa, uma base de dados duradoura para ser usada por décadas e décadas; podia-se dizer o mesmo da seqüência que a Celera obteria? Nos meses seguintes ao anúncio da fundação da Celera, essas dúvidas alimentaram o debate. Mas, ao mesmo tempo que apresentavam seus argumentos, os grupos de cientistas continuavam trabalhando diligentemente.

No final de 1999, os pesquisadores do projeto público puderam apresentar um grande triunfo: a seqüência completa do cromossomo 22, o menor dos 23 da espécie humana. A edição da *Nature* de 2 de dezembro daquele ano reproduziu na capa uma parte da cena que Michelangelo pintou no centro do teto da Capela Sistina: para ilustrar a publicação da primeira seqüência de cromossomo humano, a revista escolheu recortar as mãos de Deus e de Adão, os dedos que estão muito próximos mas não se tocam, na representação do instante em que a divindidade soprou a vida no homem feito de barro. Pretensão à parte, nos textos do *paper* e nos que o acompanhavam, estavam lá as marcas da resistência anteposta pelo genomas eucariotos: a seqüência ficou "quase completa", porque 11 trechos do DNA do cromossomo não puderam ser seqüenciados por nenhum dos "métodos rotineiros" que os laboratórios já dominam; as repetições, no entanto, esclareceu o coordenador da equipe de seqüenciamento, Ian Dunham, do Sanger Centre, renderam-se ao método consagrado entre *insiders*, que primeiro subdivide o genoma e depois aplica o *shotgun*. "O significativo [da publicação do cromossomo 22] é que ela mostra que a finalização vai muito bem quando se usa a abordagem clone a clone", declarou ele à *Nature*, referindo-se à outra estratégia sem, no entanto, mencioná-la.

Litígios com Venter à parte, o término do seqüenciamento era mesmo um *breakthrough*, como gostam de dizer os cientistas. Nunca antes tão extenso DNA – 33,4 milhões de bases – tivera determinada a seqüência de suas bases. Os pesquisadores localizaram 545 genes, "pelo menos" – reconhecendo a possibilidade de existirem mais, não encontrados dadas as dificuldades que este capítulo mencionou. Esperava-se, por exemplo, localizar um gene ligado à esquizofrenia, que os mapas feitos nas fases anteriores do projeto mostravam estar no 22. Mas, apesar de a seqüência estar "quase completa", esse gene não pôde ser localizado na inspeção cuidadosa feita pelos envolvidos .

Genomas eucariotos, como já se esperava, são mesmo indóceis. Deveriam ser mais ainda à abordagem que a Celera pretendia aplicar. Mas, em março de 2000, a conversa mudou: o time de Venter, em colaboração com um dos centros de seqüenciamento ligados ao projeto público, completou, e publicou na revista *Science*, o genoma completo da *Drosophila melanogaster*, a mosca-das-frutas. Os quatro cromossomos do inseto, o modelo mais usado para os estudos de genética ao longo de todo o século 20, compõem-se de cerca de 180 milhões de bases; o grupo seqüenciou as regiões de maior densidade genética, espalhadas em 120 milhões de bases; encontrou as resistências de sempre – repetições, partes que não se deixaram seqüenciar – e localizou 13.600 genes. O trabalho todo levou meses. Era o teste de que a Celera precisava para mostrar que podia seqüenciar depressa, e mais barato, o tão desejado genoma humano.

5. MOSCAS, BACTÉRIAS, RATOS E HOMENS:

QUE SONHO É ESSE, QUE PARECE PERTO DE SE CUMPRIR?

Tem sido um animalzinho importante para a história da biologia a *Drosophila melanogaster*, a popular mosca-das-frutas. Há quem pense até que esse inseto de corpo estriado merece, se não uma estátua, ao menos um busto em bronze próximo a algum ponto turístico do vasto continente criado pelos pesquisadores da hereditariedade. A drosófila e seus quatro cromossomos encontraram a fama através do engenho do zoólogo norte-americano Thomas Hunt Morgan. Fontes abalizadas descrevem-no como pioneiro de uma tradição que nascia para a biologia no final do século 19, quando o pesquisador completava sua formação no Laboratório Marítimo da deslumbrante Nápoles. Afirma um de seus continuadores que, na Itália, Morgan aprendeu "a importância de perseguir uma abordagem mais experimental do que descritiva para o estudo da biologia"[3] – justamente a tendência que atinge expressão máxima nesta transição para o século 21. Quando se conta a história da genética, Morgan e a família *Drosophila* aparecem sempre de mãos dadas. O uso da mosca-das-frutas como modelo experimental é um legado dele tão grande quanto as descobertas que fez ou ajudou a fazer.

Em 1910, Morgan já voltara da Europa e iniciara um período fecundo de 18 anos de trabalho na Universidade de Columbia, em Nova York. Criou o "Fly Room" (Sala das Moscas) em seu laboratório – uma coleção de garrafas de leite tapadas com estopa que servia como criadouro de moscas –; e reuniu em torno de si um grupo de estudantes com quem compartilhou o prazer de se deixar surpreender pelo inesperado dos resultados de seus experimentos. Um desses alunos, Alfred Sturtevant, registrou ter aprendido com Morgan a não evitar se deixar confundir pelas moscas. Do Fly Room de Columbia nasceram as mais importantes concepções da genética depois de Gregor Mendel e antes de James Watson e Francis Crick. As moscas-das-frutas foram as parceiras do grupo; e continuam sendo benquistas pelos cientistas de hoje – como assinala o fato de a espécie estar entre as primeiras a ter o genoma completamente seqüenciado. Drosófilas reproduzem-se depressa – mil ovos por vez, 30 gerações por ano –; é fácil diferenciar o macho da fêmea pelo tamanho e pelo aspecto; ocupam pouco espaço; e mantê-las vivas é barato. Quando Morgan e seus alunos começaram, ainda não havia fundos públicos para a pesquisa; portanto, essa última qualidade revestia-se de um caráter decisivo – bastava ter bananas no labo-

---

[3] Edward Lewis, *Thomas Hunt Morgan and his Legacy*. California Institute of Technology, 1998. Disponível no endereço http://www.nobel.se/medicine/articles/lewis/index.htm

ratório para fazer do Fly Room a residência de uma multidão de moscas.

Morgan e seus colaboradores debruçaram-se sobre as drosófilas em busca da resposta para um dos grandes problemas científicos daquele início do século 20: encontrar os "fatores hereditários" que Mendel postulara para predizer como seria a descendência de ervilhas-de-cheiro de casca rugosa quando cruzadas com ervilhas-de-cheiro de casca lisa; ou que porcentagem de ervilhas amarelas, de talo curto, seria obtida do cruzamento delas com ervilhas verdes, de talo longo, por exemplo. Fazia menos de dez anos que o trabalho do abade austríaco emergira para o conhecimento dos naturalistas, apesar de ter sido publicado em 1866 – e causara sensação.

Morgan começou a criar moscas por duvidar das conclusões de Mendel; buscava entre elas as diferentes, as "mutantes", como se consagrou chamar. Queria seguir a trilha que o método de Mendel abrira para o estudo das relações entre ascendentes e descendentes para desmenti-lo. Confirmou-o amplamente quando encontrou no Fly Room um macho mutante de olhos brancos – olhos vermelhos é o mais comum na espécie. "Casou-o" com uma fêmea de olhos vermelhos; e acompanhou a avenida que lhe abriu o prolífico par, como antes fizera Mendel com as ervilhas-de-cheiro. À aparência dos milhares de descendentes deu tratamento estatístico – *à la Mendel*. Do brilho dos estudantes e do método, aplicado a centenas de mutantes diferentes de drosófilas, nasceu a demonstração, para além da controvérsia científica, de que os "fatores hereditários" (hoje, diríamos genes) se encontram nos cromossomos; de que há traços – como o olho branco da mosca – cuja herança se liga ao sexo (somente machos têm olhos brancos); de que os fatores ligados a determinadas características dispõem-se linearmente nos cromossomos, em unidades separadas entre si. Dessa última idéia nasceu o primeiro mapa da posição de genes sobre um cromossomo; sem mapas, não haveria genomas completos seqüenciados. A invenção desse primeiro de todos os mapas genéticos deu-se no Fly Room de Morgan, resultado de uma conversa dele com Sturtevant, que tinha então 19 anos – cinco menos que Watson quando participou da concepção da hélice dupla.

Pelo conjunto da sua contribuição à ciência, Morgan recebeu o Prêmio Nobel de Medicina e Fisiologia, nome oficial do prêmio, de 1933. Dividiu o dinheiro com Sturtevant e outro de seus alunos, Calvin Bridges, que legou para a comunidade dos especialistas em drosófilas o mapa, ainda em uso, da posição de genes nos cromossomos gigantes das glândulas salivares da mosca-das-frutas. Outro aluno de Morgan na Universidade de Columbia, Hermann Joseph Muller, mostrou em 1927 que raios X e raios gama induzem mutações em organismos. Dessa maneira, "foi criada pela primeira vez a possibilidade de influenciar a massa hereditária artificialmente", segundo o discurso de concessão do Nobel de Medicina e Fisiologia. O animal de laboratório que Muller escolheu para fazer seus experimentos era a drosófila, claro. Se algum dia o busto de bronze for erigido em homenagem às bilhões de moscas que, ainda que involuntariamente, tiveram suas vidas e suas proles devotadas à experimentação biológica, alguém poderá providenciar uma inscrição: "Prêmio Nobel (Duas Vezes) por Relevantes Serviços Prestados à Pesquisa Científica".

Toda essa abnegação às exigências do chamado avanço do conhecimento, no entanto, não bastou para que as moscas-das-frutas se mantivessem únicas no topo da preferência dos biólogos da segunda metade do século 20, a partir das descobertas de Linus Pauling, que pôs de pé as proteínas, e de Watson e Crick, que "inventaram" o DNA contemporâneo. Há laboratórios que buscam entender o comportamento delas a partir de seus genes; neles, elas continuam voando, soberanas; mas, depois que a escola de Morgan (como ensinam os que contam hoje a história da moderna biologia) ofereceu a quem veio depois dele onde procurar a "base física" para os postulados genes[4] – até ali, segundo os anais do Prêmio Nobel, "o mecanismo da fertilização permanecia misticismo impenetrável"[5] –, o foco dos biólogos fechou-se sobre as moléculas presentes no interior das células, do DNA às inúmeras proteínas. Em busca de afastar de vez o "brilho místico" que rondava as unidades de transmissão hereditária de Mendel, esses novos biólogos passaram a trabalhar nos laboratórios com o mundo muito pequeno dos compostos presentes nas bactérias, nos vírus, nos fungos – com seus genomas mais compactos, mais simples, mais manejáveis.

O Projeto Genoma Humano – e o que, promete-se, virá depois dele – representa o coroamento das linhas de investigação que consideram suficiente descrever os fenômenos biológicos segundo as mesmas leis gerais que regem fenômenos físicos e químicos.

---

[4] É costume que ganhadores do Prêmio Nobel dêem uma conferência em Estocolmo. Morgan, no verão de 1934, deu a sua. Um trecho dela está na página 182 de *The Eighth Day of Creation*. Ele diz: "No nível em que se dão os experimentos em genética, não faz a menor diferença se o gene é uma unidade hipotética ou uma partícula material. Em qualquer caso, a unidade está associada com um cromossomo específico, e pode ser localizada lá por análise puramente genética".

[5] "Presentation Speech by F. Henschen, Member of the Staff of Professors of the Royal Caroline Institute". O endereço completo da página na internet é: http://www.nobel.se/medicine/laureates/1933/press.htm

Entre os biólogos devotados à causa de afastar o manto do "misticismo" da "fertilização" humana e que vêm engendrando o edifício da pesquisa em genética molecular, organismos são inteiramente definidos por seus genes – que, como se sabe, não são mais que blocos de um composto químico bem caracterizado. Conhecer uma espécie reduz-se a conhecer seu genoma completo. Nos centros de pesquisa mais típicos do território – uma paisagem de máquinas de seqüenciamento roncando 24 horas por dia, a despejar ininterruptamente em computadores de larga memória bilhões de vezes A, T, C, G –, o organismo é perfeitamente prescindível. A espécie *Caenarbabditis elegans* teve seu genoma seqüenciado na Washington University, em Saint Louis; quando o gerente de operações do laboratório precisa mostrar para alguém um exemplar da elegante minhoquinha, manda buscar o vídeo dirigido a jornalistas que a universidade produziu para divulgar o término do seqüenciamento. O espécime não interessa; é suficiente, para os novos biólogos, apossar-se da ordem das bases de seu DNA, extraído de um ou mais organismos e guardado em geladeiras.

Mas... será mesmo suficiente? Há vozes ilustres que apontam muitas insuficiências nessa maneira de abordar questões em que a vida está envolvida. A mais persistente dessas vozes discordantes é a de um veterano, erudito e emérito professor do Museu de Zoologia Comparada da Universidade de Harvard. A menção de seu nome – Richard Lewontin – faz sobrancelhas científicas que se consideram bem situadas levantarem-se em desaprovação. Desde que os pioneiros começaram as tratativas para organizar o projeto de seqüenciamento do genoma humano, Lewontin contrapõe argumentos que questionam certos pressupostos embutidos na prática de seus colegas biólogos moleculares – justamente os pressupostos que sustentam muitas afirmações imprecisas a respeito de genes e hereditariedade que nos acostumamos a ouvir sem discutir.

A mais comum entre essas idéias – encontrável nos textos de divulgação (inclusive neste), desde os documentos da formação do Projeto Genoma Humano – informa que o DNA é a planta baixa onde se pode ler o passado, o presente e, mais importante para a retórica que embala a genômica, o futuro de qualquer organismo. À molécula do ácido desoxirribonucleico atribui-se o poder de um planejador; e o solo onde se assenta essa sua potência é a capacidade de autoduplicar-se, de se refazer como que exclusivamente a partir de si própria – assexuadamente, pode-se acrescentar, como nos microorganismos que habitam o cotidiano dos pesquisadores. Essa força que a descrição corrente da biologia molecular faz pousar sobre as moléculas de DNA estende-se aos genes – apresentados como os detentores exclusivos, especialmente, do comando sobre a saúde e a doença. Nessa ótica, mantida a rota atual de investigação, a depender apenas de mais pesquisa (e mais financiamento de pesquisa), a morte – e os fantasmas que a cercam – poderá ser, se não afastada, ao menos manejada e controlada. A humanidade, graças ao extenso poder da ciência e de seus métodos certeiros, ganhará o poder de prever como um organismo vai se desenvolver a partir da seqüência do DNA que caracteriza seus genes, da mesma maneira que a mecânica de Newton deu aos homens a possibilidade de prever a velocidade com que uma pedra jogada do alto da Torre de Pisa chegará ao chão. Agora que a seqüência completa do DNA dos 23 cromossomos humanos está ao alcance da mão, a assertiva aplica-se também, sem tirar nem pôr, a nós mesmos.

Nada disso convence Lewontin. Ao longo da década de 90, e até agora, o professor combate não só a retórica, mas também a propriedade científica, dessas concepções tão caras à genética contemporânea. O DNA *não* tem o poder de se reproduzir a si mesmo, assinala. Ao invés disso, como escreveu em 1992 no mais importante jornal de resenhas de língua inglesa, o *New York Review of Books* (onde ecoam os mais centrais debates contemporâneos), o DNA "é produzido a partir de material elementar por uma complexa maquinaria de proteínas".[6] Certamente, observa o professor, o DNA produzido assim é uma cópia do que existia previamente no núcleo da célula; mas, argumenta, também "copiar uma fotografia inclui a produção de um negativo que é impresso", o que não nos autoriza a descrever "a fábrica da Eastman Kodak como um lugar de auto-reprodução". O DNA não *faz* nada, não *planeja* nada, martela o preciso Lewontin há mais de uma década; seu papel é guardar a informação que é lida pela célula no processo de produção de proteínas.

Bioquímicos e biólogos moleculares, claro, não precisam que ninguém lhes diga isso. Eles, mais do que ninguém, sabem com quantas moléculas em interação se replica uma molécula de DNA. Investiu-se muito na compreensão desse mecanismo, entre outras razões, porque ele é importante para a engenharia genética – que se baseia, principalmente, na tecnologia do DNA recombinante, um conjunto de procedimentos que permite a inserção de trechos de DNA "estrangeiros" no genoma de organismos de laboratório e sua subseqüente replicação sob o controle do desejo do pesqui-

---

[6] *New York Review of Books*, "The Dream of the Human Genome", 28 de maio de 1992.

sador. Os manuais registram modelos de replicação obtidos por intermédio de experimentação com a bactéria *Escherichia coli* – que também merece homenagem pela folha de serviços prestados à genômica e à sua irmã de criação, a biotecnologia. Pois o modelo didático, para aprendizes, registra oito diferentes proteínas envolvidas na tarefa de sintetizar uma cópia de DNA. Isso sem mencionar outra fascinante etapa da obtenção de uma réplica da mais falada molécula orgânica: a do reparo da cópia. Sim, uma das maravilhas que a biologia moderna descreve são as maneiras pelas quais o aparato geral de replicação inclui toda uma linha de produtos dedicados a detectar encaixes incorretos de bases e providenciar sua substituição.[7]

No entanto, observa Lewontin, mesmo altíssimas eminências da biologia molecular propalam o conto do DNA planejador, do senhor da continuação da vida através de sua eterna auto-reprodução. A idéia de um DNA que faz e acontece, objeta o militante debatedor de Harvard, sustenta-se na boca torta que o cachimbo do método experimental mais difundido produziu na biologia contemporânea. Em *The Triple Helix – Gene, Organism and Environment*, seu quinto livro de combate,[8] Lewontin oferece exemplos da maneira pela qual a ciência biológica de nossos dias produz o conhecimento. Na base do método de investigação consagrado nos laboratórios do território, aponta, está a redução dos fenômenos biológicos a certos modelos. O objetivo dessa operação simplificadora é permitir o teste

[7] Esses mecanismos, quando falham, desempenham um papel na evolução das espécies; e também por falharem, ou por funcionarem bem demais, podem estar associados à produção de células de câncer nos laboratórios.

[8] Richard Lewontin, *The Triple Helix – Gene, Organism and Environment*. Cambridge, Mass.: Harvard University Press, 2000.

das hipóteses que se deseja comprovar, através de uma expressiva diminuição dos fatores envolvidos. Honrando seu débito para com as tradições da genética do século 20, Lewontin debruça-se sobre o modelo *Drosophila melanogaster*. "Para ser uma ferramenta experimental mais útil, uma mutação [no genótipo] deve corresponder a uma diferença no fenótipo [...] em todo o indivíduo que carregue a mutação ao longo de uma larga variedade de ambientes", nos conta o professor. É justamente o fato de a mutação "olhos brancos" nos genes de todas as moscas-das-frutas corresponder sempre a um indivíduo de olhos brancos, irrespectivamente ao ambiente em que aquela particular mosca vai se desenvolver, que tornou a drosófila essa heroína dos geneticistas do século 20. Daí a dizer que o mesmo vale para todas as mutações da família das drosófilas ou – o que é ir ainda mais longe – afirmar que a qualquer mudança no DNA de qualquer organismo, em qualquer ambiente, corresponde uma e uma só mudança no espécime que porta aquele DNA em uma de suas células – isso Lewontin classifica, com simplicidade, como má biologia.

Há inúmeros exemplos similares. O cuidadoso professor, no entanto, afirma a excelência do método baseado na redução – pilhas e pilhas de artigos científicos, cada um revelando polegadas de conhecimento assim obtidas, testemunham a fecundidade da aplicação dessa forma de investigação, que a biologia importou da física. "Não é possível fazer o trabalho da ciência sem usar uma linguagem cheia de metáforas", diz ele, lembrando que entre "modelo" e "realidade" opera uma comparação, característica das metáforas. "Virtualmente todo o corpo da ciência moderna é uma tentativa de explicar fenômenos que não podem ser experimentados diretamente por seres humanos, que levam em conta forças e processos que não podemos perceber diretamente porque eles são muito pequenos, como moléculas, ou muito vastos, como todo o universo conhecido", continua. Mas, para ele, apesar de não ser possível (nem desejável) deixar de lado as metáforas para pensar a natureza, há um grande risco: esquecermos que a metáfora é uma metáfora e nos tornarmos míopes para os aspectos de um sistema que não possam ser contidos na metáfora em uso. "O preço da metáfora", ensina Lewontin, "é a eterna vigilância."[9]

A mídia alia-se aos biólogos que se esquecem de pagar o preço do uso das metáforas e confundem o experimento supercontrolado e reduzido do laboratório com, digamos, a vida como ela é. DNA multicoloridos são mostrados na TV desenrolando-se por si sós, atraindo como que por encanto as bases que os formam – identificadas a letras – e refazendo-se a si mesmos como fitas que se duplicam e se separam da fôrma. Sobre esse DNA auto-suficiente, dono de vontade própria – uma fantasia –, derivam genes também poderosos, determinadores únicos dos organismos. Como geralmente se trata do genoma humano, então o exagero investe o DNA da espécie com o amor (e o ódio) que merecemos de nós mesmos.

Nossa espécie não prescinde de imagens para alcançar o mundo. Entre elas, moram os sonhos; e eles cumprem os desejos próprios à sua contemporaneidade. O sonho de ser o primeiro a ter para si o genoma humano, imaginado como a fórmula que, finalmente, poderá nos resumir e conter o imponderável, impulsionou Craig Venter e os cientistas organizados na Celera a dominarem tantas – talvez não todas – indocilidades típicas de genomas eucariotos. A publicação da seqüên-

---

[9] Idem, p. 4.

cia ordenada dos cromossomos da *Drosophila melanogaster* celebrou a superação das dificuldades que restavam. Já era possível obter com rapidez a leitura bem acabada da posição de todos os nucleotídeos em quaisquer moléculas de DNA, seja de um vírus, como fez Frederick Sanger em 1977; seja do genoma humano, como desejaram os cientistas, *insiders* ou *outsiders*, reunidos pelos sonhos do Projeto Genoma Humano no emblemático 26 de junho do ano 2000 – o dia em que o presidente da nação mais poderosa do mundo (Bill Clinton, dos Estados Unidos) e o primeiro-ministro da nação que já foi a mais poderosa do mundo (Tony Blair, da Grã-Bretanha) anunciaram, conjunta e um pouco antecipadamente, que a ciência (também ela um sonho da espécie humana) determinara a posição de cada uma dos 3,1 bilhões de bases das moléculas de DNA que correm por dentro dos 23 cromossomos que homens e mulheres transmitem a filhos e filhas desde 100 mil anos atrás.

Meses depois, o acordo consubstanciou-se com a publicação, na segunda semana de fevereiro, simultaneamente, dos resultados do seqüenciamento feito na Celera, e aqueles obtidos pelo consórcio público do Projeto Genoma Humano. A comunidade científica logo observou que Craig Venter, representando o setor privado, publicou na *Science*, a revista da comunidade científica norte-americana que não visa lucro; e o grupo dos governos americano e inglês, pelo setor publico, publicou na *Nature*, que pertence a um grande grupo editorial privado. Os jornais e as televisões escolheram repercutir, dentre as novidades apresentadas pelos seqüenciadores, o fato de o número de genes encontrados pelos dois grupos ser menor do que o esperado.

O consórcio público previu existirem cerca de 31 mil genes, dos quais localizaram 22 mil; Craig Venter, de seu lado, encontrou 26 mil. Isso foi interpretado como um golpe na auto-estima da espécie humana. A mídia apresentou como um desprestígio para o mais querido dos genomas o fato de não termos, em qualquer das hipóteses, nem o dobro dos 18 mil genes da minhoquinha elegante, ou dos 16 mil da abnegada drosófila.

No entanto, a publicação dos resultados não pôs fim a essa questão. Os cientistas ainda debatem o assunto. Uma das hipóteses consideradas fala na possibilidade de os genes estarem lá, e de os pesquisadores não terem instrumentos para reconhecê-los.

Trecho do genoma da bactéria *Xylella fastidiosa*

ATGACTATAGGGAACACTACGAGTGTGACAACGGTACGTA
ACGCTACTCCGCCTTTAGCTCTCGACAATGCGGCGATCGA
GCGCTTCTTGGCTCACTGTCATCGACGCCGCTACCCCAAC
CGAACGGATGTGTTTAGGCCTGGTGATCCTGCTGGAACGC
TTTACTATGTTATCAGCGGGTCGATCAGCATCATTGCCGA
GGAAGAAGATCATCGTGAGCTGATTCTTGGCTATTTCGGA
GCAGGTGAGTTTGTGGGTGAGATGGGTTTATTCATCGAAT
CCGATGCTCGCGAAGTCATCTTACGTACCCGGACTCAGTG
TGAATTGGCTGAGGTAAGTTACGAGCGCCTGCACCAACTG
TTGCAAGGCAGTTTGGCGAGTGATGCGCCGCGGATTTTGT
ATGCGATAGGCATGCAGTTATCTAAGCGTTTATTGCTTACC
ACCCGTAAGGCGAGTCGTCTGGCTTTTCTGGATGTGGGGG
ATCGGATCTTGCGCACCTTACATGATCTGGCTCGCGATCCA
GAGGCAATGAGTCATCCTCAGGGTACACAGTTGAGGGTG
TCACGTCAGGAGCTGGCGCGTCTAGTTGGATGCTCGCGT
GAAATGGCTGGACGTGTGCTTAAGAAGTTGCAAGCGGAT
GGACTGTTACATGCGCGCGGCAAAACCGTTGTTCTGTACG

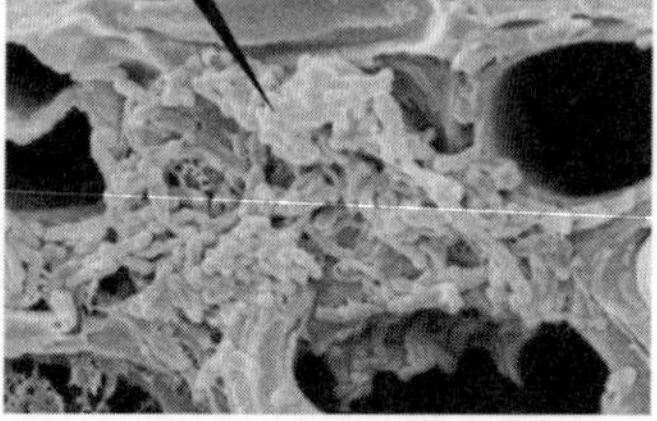

Prof. E.W. Kitajima/Esalq-USP

Microscopia eletrônica da bactéria *Xylella fastidiosa* no xilema (sistema circulatório) da laranjeira

CONCLUSÃO

Desde sua instalação, o Projeto Genoma Humano gerou transformações na atividade científica cujas conseqüências ainda não podem ser claramente avaliadas. Uma delas, certamente não prevista pelos idealizadores, foi a chegada da genômica ao Brasil, e sua bem-sucedida implantação em terras nacionais. No dia 26 de junho de 2000, os cientistas de língua inglesa tiveram sua excelência celebrada por Clinton e Blair; 17 dias depois, o grupo de cientistas brasileiros que seqüenciou a bactéria *Xyllela fastidiosa* viveu o prazer de ver a excelência de seu trabalho destacada na capa da revista *Nature*.

Os editores da revista escolheram o artigo contendo o genoma completo da bactéria causadora da clorose variegada de citrus – chamada popularmente de "praga do amarelinho", que atinge 30% dos laranjais do estado de São Paulo – como o mais importante da edição de 13 de julho. "Patógeno de Citrus Seqüenciado", dizia o título principal da capa; duas laranjas paulistas, uma nascida de laranjeira infectada pela bactéria, outra de laranjeira sã, esta verde, a outra amarela, consagraram o trabalho brasileiro de maneira inédita. O editorial da revista celebrou o ingresso do grupo no seleto clube da nova genética: "Há uma concepção errônea de que apenas nações de países avançados industrialmente têm o material humano capaz de realizar ciência de ponta", diz o texto dos abalizados editores, para apontar o artigo de capa como o desmentido da inverdade.

A notícia da *Nature* correu o mundo: a rede Onsa – nome próprio do consórcio de laboratórios paulistas integrados ao projeto – foi a coqueluche da semana nas seções de ciência e tecnologia da imprensa internacional; o jornal *The New York Times* e a revista *The Economist*, entre uma dezena de outras reportagens, deram destaque e saudaram a novidade.

Nas letras pequenas do final do artigo, lê-se: "O consórcio é devedor de J.F. Perez, diretor científico da Fundação de Amparo à Pesquisa do Estado de São Paulo, por sua visão estratégica ao criar e sustentar o projeto". José Fernando Perez, paulista de Santos, nascido em 1944, graduado pela Escola Politécnica e pelo Instituto de Física da USP, doutor em ciências naturais em Zurique, foi o articulador principal dessa grande conquista da pesquisa nacional, que colocou o Brasil no mapa da genômica.

Em maio de 1997, ouviu de Fernando Reinach, pesquisador do Instituto de Química da USP, a idéia de que organizar o seqüenciamento do genoma completo de uma bactéria poderia impulsionar a biologia molecular do estado de São Paulo. De maio a dezembro, José Fernando coordenou a montagem do projeto, segundo uma arquitetura da qual é o principal criador. Ouviu a comunidade científica, paulista e internacional, para escolher a *Xylella fastidiosa*, bactéria adequada por ser um organismo relevante para a economia de São Paulo, por ter um genoma grande o suficiente para envolver toda a rede de laboratórios e pequeno o suficiente para não se tornar difícil demais do ponto de vista técnico; arregimentou a indústria de suco de laranja para a idéia, através da Fundecitrus, que participou do financiamento da pesquisa; envolveu 33 laboratórios das três universidades estaduais paulistas e também de universidades particulares; usou sua privilegiada posição de diretor científico da mais importante, mais rica e mais eficiente agência de suporte à pesquisa do Brasil (hoje vista como das melhores do mundo) para deixar disponível para o seqüenciamento um orçamento inicial de US$ 12 milhões.

Quando 30 seqüenciadores automáticos desembarcaram em São Paulo no final de 1997, a rede Onsa estava montada. Ao invés de concentrar o seqüenciamento num instituto central, a Fapesp escolheu usar a infra-estrutura e os recursos humanos já instalados no estado como base do trabalho. Para ligar os laboratórios situados na capital e no interior, convocou João Carlos Setubal e João Meidanis, especialistas em bioinformática da Universidade Estadual de Campinas, a montar um poderoso site que se transformou no principal centro de colaboração e informação entre os participantes do projeto; para acompanhar e avaliar o andamento do trabalho científico, envolveu três veteranos da genômica internacional e dois pesquisadores experimentados do Brasil; e incentivou o bioquímico Andrew John George Simpson, cientista inglês radicado aqui havia dez anos, a ocupar o cargo de coordenador-geral do projeto. Desde o nascimento da idéia até o anúncio da conclusão do seqüenciamento, em fevereiro de 2000 – antes do previsto, e mais barato também –, a história do projeto Xylella/Fapesp é uma história de sucessos, que a capa da *Nature* coroou.

"Conceber uma coisa corretamente e não entender perfeitamente essa mesma coisa não se excluem mutuamente", disse o dr. Perez no último episódio da série de documentários exibido pela TV Cultura em agosto de 1999, quando já não era mais necessário duvidar que a rede Onsa conseguiria se colocar entre os grupos na liderança da genômica mundial, mas talvez não se adivinhasse ainda a extensão do feito e sua repercussão. Para um físico teórico, interessado na formulação matemática de fenômenos quânticos, o mundo dos ácidos nucleicos e dos genes continha, no início, novidades e estranhezas. Por isso, foi buscar aquela frase para explicar que confiou em sua intuição na tomada de algumas das decisões cruciais necessárias para o desenvolvimento do projeto. Antes mesmo da conclusão do genoma da *Xylella*, criou as condições para o início de outros três empreendimentos similares, todos encetados pela rede Onsa, já ampliada para 50 laboratórios: o seqüenciamento completo da bactéria *Xanthomonas citrii*, que causa o cancro cítrico; o estudo dos genes da cana-de-açúcar; e o projeto Genoma Humano do Câncer. Haverá outros, sempre em parceria com os setores interessados da sociedade, até o final do ano 2000.

Entre eles, o desafio preferido do diretor científico é aquele colocado pelo projeto Genoma Humano do Câncer, financiado pela Fapesp e pelo Instituto Ludwig de Pesquisas Sobre o Câncer. Andrew Simpson, que coordena o trabalho, explicou no dia do lançamento do projeto, em março de 1999, que por meio dele o Brasil entrava sem convite no mais concorrido espaço da biologia molecular contemporânea. De fato, enfrentar a complexidade do genoma humano era mesmo, até ali, uma quase exclusividade dos ingleses e norte-americanos. Mas uma metodologia para descobrir genes entre os bilhões de bases do genoma humano, criada por Simpson e um ex-aluno dele, Emmanuel Dias Neto, dá aos cientistas envolvidos no projeto a possibilidade de competir com eficiência no cenário internacional. O método Orestes, como foi batizado, está sendo aplicado a material genético originário dos tumores mais comuns no Brasil. Transcorridos 15 meses do lançamento do projeto, a rede Onsa depositava na maior base de dados pública internacional um volume de informações que a transformou na segunda maior produtora mundial de seqüências de fragmentos de genes relacionados ao câncer.

Tanto sucesso trouxe uma visibilidade antes nunca experimentada para os cientistas brasileiros, no país e fora dele. Na segunda quinzena de julho de 2000, a imprensa da Califórnia registrou a reação irritada da direção do instituto de genômica do Department of Energy ante o fato de a rede Onsa ter sido contratada por agricultores locais para seqüenciar o genoma da linhagem da *Xylella fastidiosa* que ataca os vinhedos da região. Ao saber da escolha, o Department of Energy ofereceu-se para fazer de graça o trabalho. A resposta da associação dos vinicultores norte-americanos mostra a força nascente da posição brasileira no cenário internacional: "não foi apenas para seqüenciar o genoma que escolhemos a rede Onsa", explicaram; "queremos também a *expertise* que o grupo conquistou depois de anos de trabalho e de investimento brasileiro". Não faltava mais nada além dessa disputa por espaço com o país que mais produz ciência no mundo para mostrar que o projeto concebido sob a direção de José Fernando Perez transformou o Brasil num jogador com lugar próprio no mais próspero território da pesquisa contemporânea.

BREVE CRONOLOGIA DA CONSTRUÇÃO DA GENÉTICA CONTEMPORÂNEA

1866 – Gregor Mendel, monge e depois abade do mosteiro agostiniano de Brünn (hoje Brno), na Morávia (atualmente na República Checa), cruza sementes de ervilhas-de-cheiro de diversas aparências e observa o aspecto da descendência. Descobre que há "fatores hereditários" que se transmitem independentemente; introduz os conceitos de "recessivo" e "dominante". Na época, suas conclusões não tiveram grande repercussão. Em 1900, pesquisadores em três países reintroduzem o trabalho no debate científico; Hugo de Vries entre eles.

1869 – Johann Miescher identifica a "nucleína" em glóbulos brancos. Em 1874, dá o nome de ácido desoxirribonucleico a uma das substâncias nela presentes.

1902 – Walter Sutton relaciona os cromossomos à transmissão de caracteres hereditários.

1910 – Thomas Hunt Morgan instala o Fly Room na Universidade de Columbia, Nova York. Com seus alunos, cria as bases da genética moderna ao estabelecer que os genes, localizados nos cromossomos das drosófilas, eram os "fatores hereditários" postulados por Mendel para explicar a transmissão independente de traços através das gerações.

1927 – Hermann Joseph Muller, que fora aluno de Morgan, mostra que o bombardeamento por raios X induz mutações genéticas.

1949 – Erwin Chargaff percebe que a quantidade de DNA presente na célula varia de espécie para espécie; e que, no entanto, a relação entre a quantidade dos tipos de base presentes mantém-se constante através das espécies.

1950 – Linus Pauling cria o modelo da alfa-hélice para representar a estrutura molecular de uma proteína.

1953 – James Watson, Francis Crick, Maurice Wilkins e Rosalind Franklin publicam os artigos que sustentam a estrutura em hélice dupla para o DNA.

1953 a 1961 – Sob a liderança de Francis Crick, Sidney Brenner, James Watson, George Gamov e Marshall Nirenberg, os biólogos estabelecem o "dogma central da biologia" (DNA produz RNA que produz proteína); descobrem que grupos de três bases no ácido nucleico "encaixam" um determinado peptídeo na cadeia de uma proteína; e estabelecem quais *codons* implicam quais peptídeos – decifrando, assim, o chamado "código genético".

1965 – André Lwoff, François Jacob e Jacques Monod descrevem mecanismos relacionados com a ativação e desativação de genes.

1977 – Frederick Sanger cria um método para seqüenciar moléculas de DNA e aplica-o ao DNA de um vírus de laboratório, com 5.375 pares de bases.

1980 – Hamilton Smith descobre as enzimas de restrição, que "cortam" a molécula de DNA em lugares determinados e conhecidos do experimentador. Sem enzimas de restrição, não haveria a chamada "tecnologia do DNA recombinante" e nenhum organismo geneticamente modificado. Paul Berg, Prêmio Nobel de 1980, foi o primeiro a construir uma molécula de DNA recombinante.

1986 – Uma empresa norte-americana coloca à venda o primeiro seqüenciador automático.

1988 – O governo norte-americano publica o documento *Mapeando Nossos Genes*, que estabelece as linhas gerais do Projeto Genoma Humano.

1990 – *Entendendo Nossa Herança Genética*, documento assinado por James Watson, delineia um programa de 15 anos para o seqüenciamento completo do genoma humano; define verbas, estratégias e cronogramas para o chamado Projeto Genoma Humano.

1995 – Craig Venter, Hamilton Smith e outros seqüenciam o genoma completo da bactéria *Haemophilus influenzae*.

1997 – Publicado o genoma da levedura, o primeiro de um organismo multicelular, por André Goffeau e outros. Também se completa o seqüenciamento do genoma da bactéria *E. coli*. A Fapesp organiza, no Brasil, o projeto de seqüenciamento do genoma da bactéria *X. fastidiosa*.

1998 – Em maio, Craig Venter anuncia a fundação da Celera Genomics. Em novembro, Robert

Waterston e John Sulston, investigadores do projeto Genoma Humano, publicam o genoma completo da minhoca *C. elegans*.

1999 – Em dezembro, os cientistas do projeto Genoma Humano publicam a seqüência completa do cromossomo 22 da espécie humana.

2000 – Em março, Craig Venter e George Myers, da Celera, e Jerome Rubin, da Universidade da Califórnia, publicam o genoma da mosca-das-frutas. As dificuldades técnicas estavam superadas. A 26 de junho, ocorre o anúncio conjunto, entre a Celera, o governo norte-americano e o governo inglês, de que a seqüência completa do genoma humano já havia sido estabelecida.

2001 – Em fevereiro, simultaneamente, a revista *Nature* publica a seqüência obtida pela Celera Genomics; e a revista *Science*, uma versão não-finalizada do seqüenciamento do consórcio público. A mídia destacou como surpresa o fato de o número de genes do genoma humano talvez não ultrapassar 31 mil, nem duas vezes os 16 mil que fazem da mosca-das-frutas, a abnegada *Drosophila melanogaster*.

BIBLIOGRAFIA, VÍDEOS E SITES

Muitas das informações reunidas neste relato nasceram das reportagens realizadas para os órgãos *Gazeta Mercantil*, TV Cultura, *Notícias Fapesp* e *Pesquisa Fapesp* sobre o programa Genoma em curso no estado de São Paulo. Uma síntese das conversas e entrevistas que informaram a cobertura e este livro pode ser encontrada na série de documentários referida na bibliografia abaixo e no site da Fapesp. Também permeia este livro o acompanhamento do noticiário sobre genômica, em que brilham as reportagens de Nicholas Wade para o *New York Times* e os artigos jornalísticos das revistas *Science* e *Nature*.

BIBLIOGRAFIA

Alan Atherly, Jack Girton e John McDonald, *The Science of Genetics*. Orlando: Saunders College Publishing, 1999.

Daniel J. Kevles e Leroy Hood (eds.), *The Code of Codes: Scientific and Social Issues in the Human Genome Project*. Cambridge, Mass.: Harvard University Press, 1992.

Horace Freeland Judson, *The Eighth Day of Creation: Makers of the Revolution in Biology, Expanded Edition*. New York: Cold Spring Harbor Laboratory Press, 1996.

James D. Watson, *The Double Helix: a Personal Account of the Discovery of the Structure of DNA*. Edited by Gunther Stent. New York: Norton, 1980.

John Maddox, *O Que Falta Descobrir: Explorando os Segredos do Universo*. Rio de Janeiro: Campus, 1999.

Mário Eduardo Costa Pereira, "Genética e Subjetividade: o Paradigma dos Estados Maníacos Depressivos". Texto inédito. Campinas, 2000.

_____, "De uma Hereditariedade Não-Fatalista: o 'Endógeno' e o *Typus Melancolicus*, Segundo Tellenbach", em: *Revista Latinoamericana de Psicopatologia Fundamental* (São Paulo), v. II, n. 4, 1999.

Michael Rutter e Robert Plomin, "Opportunities for Psychiatry from Genetic Findings", em: *British Journal of Psychiatry* 171 (1997), 209-19.

National Human Genome Research Institute, *Understanding Our Genetic Inheritance*. Washington, 1990.

Octavio Domont de Serpa Júnior, *Mal-Estar na Natureza: Estudo Crítico Sobre o Reducionismo Biológico em Psiquiatria*. Belo Horizonte: Te Corá Editora, 1998.

Office of Technology Assessment, U.S. Congress, *Mapping Our Genes – Genome Projects: How Big? How Fast?* Washington, DC: U.S. Government Printing Office, 1988.

Renato Basile e Luis Edmundo Magalhães, *Citologia e Genética*. São Paulo: Cultrix, 1978.

Richard Lewontin, *The Triple Helix – Gene, Organism and Environment*. Cambridge, Mass.: Harvard University Press, 2000.

_____, *It Ain't Necessarily So: The Dream of the Human Genome and Other Illusions*. New York: New York Review Books, 2000.

T.A. Brown, *Genomes*. New York: John Wiley and Sons Inc., 1999.

VÍDEOS

Mônica Teixeira, *Genoma: Em Busca dos Sonhos da Ciência*. Série de programas realizada para a TV Cultura/SP, Fundação Padre Anchieta e Fundação de Amparo à Pesquisa do Estado de São Paulo, agosto de 1999.

SITES

A rede mundial de computadores nasceu para servir a comunidade científica; por isso, quando se trata de pesquisar documentos e informações que se refiram à produção de conhecimento, é fonte das mais ricas e abundantes. Serão citados, aqui, os sites mais visitados para a elaboração do livro, e aqueles que são mais úteis como porta de entrada para o universo da genômica atual.

Fapesp
http://www.fapesp.br
Pode-se ler aqui, apontando para *Revista Fapesp*, os encartes especiais dos números 43 e 44 sobre o Projeto Genoma Humano. Os encartes publicam a íntegra das entrevistas de Robert Waterston, Craig Venter, Leroy Hood, Phillip Green, João Setubal, Andrew Simpson e Claire Fraser, feitas pela autora entre março e agosto de 1999, a respeito do impacto do Projeto Genoma Humano sobre a espécie. Também se pode vislumbrar o que é bioinformática, uma especialidade que constitui a nova biologia. Clicando em Programas Especiais, depois em Programa Genoma/Fapesp, depois em *Xylella fastidiosa*, o internauta pode baixar para seu computador a seqüência do genoma completo da bactéria ou o mapa dos genes na molécula de DNA.

Fundação Nobel
http://www.nobel.se
O site do Karolinska Institut, de Estocolmo, conta muitas das histórias que envolvem os cientistas do século 20. O nome do laureado leva, geralmente, a uma autobiografia, ao anúncio para a imprensa feito pela Fundação e ao texto de apresentação (sempre escrito por um cientista sueco) lido durante a cerimônia de entrega do prêmio.

The National Human Genome Research Iniciative
http://www.nhgri.nih.gov
É o site do National Institutes of Health sobre o Projeto Genoma Humano. Encontra-se lá desde a reprodução do noticiário a respeito do assunto publicado pela imprensa até alguns dos documentos fundadores do projeto. Também há glossário, discussão sobre

as questões éticas envolvidas no mapeamento do genoma de nossa espécie e material para professores de ensino fundamental e médio.

Institute for Genomic Research
http://www.tigr.org
Site do centro de pesquisa fundado por Craig Venter. Sua página de *links* é das mais amistosas e completas no assunto.

SOBRE A AUTORA

Mônica Teixeira é jornalista desde 1974. Em maio de 1998, começou a acompanhar as atividades dos diversos projetos genoma organizados em São Paulo pela Fapesp. Em 1999, realizou para a TV Cultura de São Paulo a série de documentários *Genoma: Em Busca dos Sonhos da Ciência*, sobre o seqüenciamento da bactéria *Xylella fastidiosa*. Foi editora-chefe do programa *Globo Ciência* entre 1992 e 1995; fundou e dirigiu até 1997 o programa semanal de reportagens *SBT-Repórter*. No momento, coordena o Núcleo de Pesquisas e Desenvolvimentos de Novas Tecnologias Para a TV Pública, do departamento de jornalismo da Fundação Padre Anchieta. É professora de telejornalismo na Faculdade Casper Líbero.

FOLHA
EXPLICA

Folha Explica é uma série de livros breves, abrangendo todas as áreas do conhecimento e cada um resumindo, em linguagem acessível, o que de mais importante se sabe hoje sobre determinado assunto.

Como o nome indica, a série ambiciona *explicar* os assuntos tratados. E fazê-lo num contexto brasileiro: cada livro oferece ao leitor condições não só para que fique bem informado, mas para que possa refletir sobre o tema, de uma perspectiva atual e consciente das circunstâncias do país.

Voltada para o leitor geral, a série serve também a quem domina os assuntos, mas tem aqui uma chance de se atualizar. Cada volume é escrito por um autor reconhecido na área, que fala com seu próprio estilo. Essa enciclopédia de temas é, assim, uma enciclopédia de vozes também: as vozes que pensam, hoje, temas de todo o mundo e de todos os tempos, neste momento do Brasil.

1	MACACOS	Drauzio Varella
2	OS ALIMENTOS TRANSGÊNICOS	Marcelo Leite
3	CARLOS DRUMMOND DE ANDRADE	Francisco Achcar
4	A ADOLESCÊNCIA	Contardo Calligaris
5	NIETZSCHE	Oswaldo Giacoia Junior
6	O NARCOTRÁFICO	Mário Magalhães
7	O MALUFISMO	Mauricio Puls
8	A DOR	João Augusto Figueiró
9	CASA-GRANDE & SENZALA	Roberto Ventura
10	GUIMARÃES ROSA	Walnice Nogueira Galvão
11	AS PROFISSÕES DO FUTURO	Gilson Schwartz
12	A MACONHA	Fernando Gabeira
13	O PROJETO GENOMA HUMANO	Mônica Teixeira
14	A INTERNET	Maria Ercilia
15	2001: UMA ODISSÉIA NO ESPAÇO	Amir Labaki
16	A CERVEJA	Josimar Melo
17	SÃO PAULO	Raquel Rolnik
18	A AIDS	Marcelo Soares
19	O DÓLAR	João Sayad
20	A FLORESTA AMAZÔNICA	Marcelo Leite
21	O TRABALHO INFANTIL	Ari Cipola
22	O PT	André Singer
23	O PFL	Eliane Cantanhêde
24	A ESPECULAÇÃO FINANCEIRA	Gustavo Patú
25	JOÃO CABRAL DE MELO NETO	João Alexandre Barbosa
26	JOÃO GILBERTO	Zuza Homem de Mello
27	A MAGIA	Antônio Flávio Pierucci
28	O CÂNCER	Riad Naim Younes
29	A DEMOCRACIA	Renato Janine Ribeiro
30	A REPÚBLICA	Renato Janine Ribeiro

Este livro foi composto nas fontes Bembo e Geometr 415 e impresso em novembro de 2001 pela Donnelley Cochrane – Brasil, sobre papel offset 90 g/m2, com fotolitos fornecidos pela Publifolha.